우리
집밥해 먹지
않을래요?

우리 집밥해 먹지 않을래요?

나는 왜 집밥하는 의사가 됐는가

임재양 지음

클라우드나인
CLOUD 9

건강한 식습관이 건강한 생태계를 만든다
이시형, 정신과의사·한국자연의학종합연구원 원장

현대는 불확실성의 시대입니다. 그래서 불안의 시대이기도 합
니다. 날씨가 이상합니다. 산불이 시도 때도 없이 나고, 태풍이
예고와는 다르게 진행하기도 하고, 여름이 덥지 않고 겨울이 따
뜻하기도 합니다. 여러 종류의 꽃이 순서대로 피는 것이 아니라
한꺼번에 폈다 집니다. 사람의 병도 이상합니다. 젊은 사람들에
게 암이 늘어나고 원인을 모르는 병들이 생겨납니다. 아토피나
류머티즘 같은 자가면역 질환도 크게 늘어납니다.

이러한 현상들을 얼마 전까지만 해도 막연히 이상하다고 생
각했습니다. 이제는 대부분 사람들이 무언가 이상한 일이 생길
것 같다고 생각하고 있습니다. 똑같은 상황에 대해서 사람들은
다르게 생각하고 행동합니다. 현실을 지나치게 걱정하는 사람은
모든 것을 부정적으로 봅니다. 현실을 지나치게 낙관적으로 생
각하는 사람은 현실을 정확하게 판단하지 못하고 일을 그르칩니

다. 그런데 현실을 정확하게 인식하고 그 사실을 긍정적으로 받아들이는 사람은 어려운 상황을 좋은 쪽으로 바꾸려는 노력을 시작합니다.

임재양 원장은 이렇게 어려운 시기에 세상을 긍정적으로 보는 사람입니다. 현재의 이런 위기는 인류 역사상 수도 없이 많았지만 인류가 무사히 극복해왔다고 임재양 원장은 믿습니다. 그리고 해결책을 제시합니다. 거창한 것도 아닙니다. 사람이 건강하기 위해서는 건강하게 키운 농산물을 먹으면 됩니다. 비료와 농약으로 키운 크고 깨끗한 농산물이 아니라 물과 비료가 부족해서 비틀어지고 벌레 먹은 농산물을 권유합니다.

굽고 튀겨서 맛있게 먹을 것이 아니라 날것으로 먹거나 쪄서 먹거나 소박하게 먹자고 합니다. 밤낮없이 먹을 것이 아니라 조금은 배고프게 먹고 먹어야 할 때 먹자고 주장합니다. 한마디로 원시인의 열악한 생활과 비슷합니다. 각 개인이 건강한 음식을 먹는 습관이 건강뿐만이 아니라 생태계에도 도움이 된다고 생각합니다.

임 원장의 생각은 90년 동안 건강한 삶에 관심을 가진 제 자신이 평생 추구해온 건강 습관과도 일치되는 생각입니다. 이제 모두가 실천하는 일만 남았습니다.

서문

작은 실천으로서 건강한 먹거리를 알아보자

의사생활 43년 된 외과 의사입니다. 1980년 초 제가 의사 생활을 시작할 당시 개인적으로도 그렇고 의료계 전반에 걸쳐 희망에 차 있었습니다. 주먹구구식으로 사람 몸 속을 이해하다가 초음파와 CT 같은 기기가 나오면서 몸의 구조물을 자세히 들여다보는 것이 신기했습니다. 저는 몸에 이상이 있는 부분을 수술로 제거하면 병이 해결되는 것에 매력을 느껴 외과를 선택했습니다. 새롭게 개발되는 항생제는 세상의 나쁜 균을 전부 없앨 것같았습니다.

1990년 들어 항암제가 개발되자 죽음의 병이라고 생각되던 암은 완치율이 급속히 높아졌습니다. 유전자 실체를 밝히는 인간 유전체 프로젝트Human Genome Project를 시작하자 암을 포함한 난치병도 곧 정복될 것이라고 얘기하기 시작했습니다. 사회적으로도 큰 전쟁 없이 안정화되면서 먹거리가 넘쳐났습니다. 인류가

긴 배고픔을 벗어나 더 맛있는 음식을 찾아다니면서 음식 산업 또한 폭발적으로 늘었습니다. 모든 것이 풍족하고 질병에 대한 두려움도 줄어들었습니다. 앞으로 수명 100세를 넘어서 풍요로운 노년을 꿈꾸자는 표어가 가득했습니다.

그런데 어느 순간 사람들이 100세까지 사는 것을 반기기보다 재앙이라고 여겼습니다. 암을 포함한 난치병의 치료율이 높아진 것은 분명하지만 병은 더 많이 발생했습니다. 전에 없던 이상한 병들이 생겨서 의사들은 혼란스럽습니다. 코로나19 사태도 예상치 못한 바이러스의 공격이었습니다. 먹거리가 풍요로워서 행복한가 보다 했습니다. 그런데 이제는 과도한 먹거리가 사람들의 건강을 위협한다고 난리입니다. 살 빼기 열풍이 일고 영양제를 챙겨 먹지만 생활습관병은 더욱 증가하고 있습니다.

봄이 되면 마당의 꽃들이 순서대로 피었는데 지금은 동시에 폈다 한꺼번에 사라집니다. 여름은 더 더워지고 겨울은 더 추워졌습니다. 태풍과 산불은 더욱 강해지고 예측은 더 어려워졌습니다. 지구온난화를 넘어서 기후 위기란 소리가 나오면서 우리는 불안할 수밖에 없습니다. 모든 것이 이상합니다. 무언가 이상한 것은 알겠는데 개인이 무엇을 어떻게 해야 할지 당혹스럽습니다. 플라스틱과 일회용품 사용을 줄인다고 문제가 해결될 것

같지도 않습니다.

그렇다고 그냥 있을 수만은 없을 것 같습니다. 생각해보면 인류 역사상 주위 환경이 인간에게 유리한 조건은 한 번도 없었습니다. 그런 악조건을 이기고 우리는 여기까지 왔습니다. 현재의 여러 위기는 인류에게 어려운 도전입니다. 하지만 현실을 깨닫고 기본에 대해서 다시 한번 생각하면 해결책이 없는 것도 아닙니다.

지난번 책『제4의 식탁』에서는 이상한 병의 원인을 환경호르몬으로 추정하게 된 근거와 대체 방안 등 전반적인 이론을 다루었습니다. 이번에는 구체적인 작은 실천으로서 건강한 먹거리에 관해 알아보려고 합니다. 우리 몸과 생태계를 살리는 집밥 이야기입니다.

이제 믿을 것이라고는 우리 몸밖에 없다고 생각합니다. 의사 생활 43년 동안 우리 몸의 자연 치유 능력은 대단하다는 사실을 느끼고 때론 놀라기도 합니다. 200만 년 된 인간의 역사를 생각해봐도 인간의 주위는 온통 위험한 것뿐이었고 믿을 것은 자신밖에 없었습니다. 어떤 나쁜 조건에도 살아남을 우리 몸을 만들기 위해서는 건강한 음식이 우선 첫걸음입니다. 이미 병이 있는 사람들에게는 아주 중요한 이야기입니다. 하지만 지금 건강한 사람들도 귀 기울여야 합니다. 이미 병에 걸리면 건강할 때보다 10배는 더 힘들게 노력해야 합니다. 건강은 건강할 때 지키는 겁니다. 나는 현재 이런 어려운 상황은 매일 먹는 음식을 통해서 해결할 수 있다고 생각합니다. 암을 오랫동안 전공한 의사로서 직접 재료를 구하고 요리하면서 나 자신이 더욱 건강한 몸을 만든 경험을 공유하고자 합니다. 일반적인 음식을 얘기하는 요리책이 아닙니다. 쉽게 요리하는 건강한 음식에 관한 이야기입니다.

2024년 7월

임재양

| 목차 |

1장

음식은
질병을
예방한다

1
질병의 형태가 변했다

　외과 의사로서 의사 생활을 한 지 43년이 됐고 유방암을 전공한 지는 30년이 됐다. 과거에 유방암은 서구인이 많이 걸리는 암이지 한국인에게는 흔한 암이 아니었다. 우리도 한 세대가 지난 미래에는 증가할 수 있겠지만 아직은 중요한 암이 아니라고 얘기했다. 당연히 유방암을 전공하는 의사 또한 수가 적었다.

　그 후로 20년이 지난 지금 유방암은 여성이 가장 많이 걸리는 암이 됐다. 외과 의사 중에서도 유방암을 전공하는 의사 수가 가장 많다. 왜 이렇게 유방암이 증가하느냐 했을 때 여러 원인을 들 수 있다. 초경이 빨라지고, 기름진 음식을 먹고, 살이 찌고, 결혼을 늦게 하고, 아이를 적게 낳고, 수유를 잘 하지 않고, 폐경이

늦어지는 현대인의 생활 습관이 전부 유방암을 일으키는 여성호르몬과 밀접한 관련이 있다. 그중 '서구화된 식생활 습관'을 가장 큰 원인으로 꼽을 수 있다.

유방암뿐만이 아니라 다른 암 발생률도 증가하고 있다. 물론 과거에 비해서 암 진단 방법이 발달하고 평균 수명이 늘어난 까닭도 있지만 전체적인 암 환자 숫자도 확실히 늘어났다. 그래서 대한암협회에서는 암 발생을 줄이기 위해 국민이 조심해야 할 암 예방 10대 수칙을 발표했다. 우리가 많이 들어서 잘 아는 수칙이고 중요한데도 너무나 평범해서 무시하는 것들이다. 담배 피우지 말라. 땀 흘릴 정도로 운동하라. 채식 위주로 음식을 먹어라. 붉은 고기 먹는 것을 피하라. 적당 체중을 유지하라. 스트레스를 관리하라. 백신을 잘 맞아라. 주기적인 건강 검진을 받아라.

◆ ◆ ◆
암의 원인과 나이에 따른 불확실성이 커졌다

그런데 암을 진단하는 현장에서 30년을 보내면서 모든 암이 원인과 나이에서 불확실성이 커졌음을 느낀다. 과거에는 특정 암과 원인을 연결하기가 쉬웠다. 흡연은 폐암에 걸릴 수 있고 붉은 고기 섭취는 대장암에 걸릴 수 있으니 자제하라 했다. 유방암을 예방하는 방법으로 수유를 권장했다. 그런데 현재 폐암의 30%는 담배를 피우지 않는데도 걸린다. 특히 여성 폐암은 대부분 흡연과 관계 없이 걸린다. 고기를 일절 먹지 않고 산에서 채식만 하면서 수도 생활을 하는 분이 고혈압, 당뇨, 고지혈증이 있고 대장암에 걸린다.

나이에 따른 불확실성도 커졌다. 과거에는 암 나이라고 해서 주로 40~50대에 생겼다. 자연히 암 검진도 그 나이에 집중했다. 한국유방암학회에서는 40대 전에는 자가검진을 하고 40세부터 초음파 검사 등 암 검진을 하도록 권고한다. 그런데 이제 20~30대 젊은 여성이 유방암 검진을 하러 오는 경우가 많아졌다. 주위에 또래 친구가 유방암에 걸린 것을 보고 걱정하면서 병원을 방문하기도 한다.

통계로도 젊은 여성의 유방암이 확실히 늘었다. 2019년 한국의 전체 유방암 환자 수는 2만 9,729명으로 최소 연령이 15세였으며 10대가 6명, 20대가 263명, 30대가 2,525명으로 40대 이하 유방암 비율이 10%를 넘어섰다. 이 비율은 매년 증가하고 있다. 과거에 나는 20~30대 여성이 유방암 검진을 하러 오면 느긋하게 진찰했다. 특별한 이상이 없으면 검사하지 않고 안심시켜서 그냥 돌려보냈다. 그런데 이제는 아무리 어려도 초음파 검사를 한다. 혹시 이상이 있으면 어떡하나 걱정하면서 바짝 긴장하고 검진한다.

◆ ◆ ◆
나이가 많다고 암이 느리게 진행하지 않는다

또 과거에는 나이가 들면 암의 진행 속도가 느려서 노인 암에 대해서는 편안하게 접근했다. 매년 유방암 검진을 하는 여성들이 몇 살까지 검진해야 하느냐고 물으면 70대부터는 자주 오지 않아도 된다고 대답했다. 나이가 들면 암의 진행도 느리므로 무언가 만져지거나 피가 섞인 분비물이 있을 때 병원에 와도 늦지 않다고 얘기했다.

나는 오래전부터 노인이 암에 걸렸을 때 어떻게 암을 치료할 것인지 관심이 많아서 상담을 자주 했다. 몇 가지 사례를 보자.

89세 남자 환자가 피를 토해서 내시경 검사를 해보니 십이지장 궤양이 있는 자리에서 혈관이 터져 피가 나오고 있었다. 조직 검사 결과는 암이었다. 원칙은 수술인데 보호자가 수술을 망설였다. 위치가 담도와 췌장 입구에 가까워 큰 수술이 될 수 있어서 과연 수술하는 것이 옳은지 판단이 안 선다고 2차 의견을 들으러 왔다. 환자와 보호자를 면담한 후에 수술하는 것이 좋겠다는 결론을 내렸다. 환자는 고령이지만 체격이 좋고 건강했다. 월남해서 사업을 일구었고 삶에 대한 의지도 강했다. 수술을 안 하면 피가 나오는 것을 막을 수도 없고 계속 수혈만 해야 할 상황이었다. 수술 위험성도 있었지만 그대로 두면 문제가 더 커질 가능성이 있어 내린 결론이었다. 다행히 수술이 잘됐고 회복도 무난히 되었다. 그분은 잘 사시다가 5년 후 노환으로 돌아가셨다.

91세 환자는 대변에서 피가 나와서 검사를 했는데 대장암이었다. 암이 대장의 90%를 막고 있었다. 대장이 완전히 막히면 대변도 못 보고 대장이 파열될 위험성이 있었다. 병원에서는 대장이 완전히 막혀 터지면 상황이 더 복잡해질 수 있으므로 위험하긴 하지만 최소한으로라도 수술하자는 의견을 내놓았다. 하지만 나는 보호자와 상담하고 환자를 살핀 결과 지켜보자는 결론을 내렸다. 우선 환자 상태가 좋지 않았다. 고령이고 모든 상태가 가라앉는 중이었다. 먹는 것도 적었고 대장이 금방 막힐 것 같지도 않았다. 완전히 막히면 그때 가서 다음을 생각하자고 했다. 그분은 그렇게 1년을 버텼는데 대장이 막히지 않았고 수명대로 살다가 돌아가셨다.

내가 암 상담을 해온 이유는 앞으로 수명이 점점 늘어나면 경험 있는 의사의 역할이 중요할 것 같아서였다. 고령자가 말년에 어떤 병이 생겼을 때 의사로서 잘 대처하기 위해 많은 경험을 쌓고 싶었다. 그런데 10년 전 한 계기로 생각이 바뀌었다.

8년째 중풍으로 침대에 누워 계신 87세 할머니는 식구도 못 알아보셨다. 유방에 탁구공만 한 혹이 발견됐고 유방암으로 진단됐다. 연세, 중풍 상태, 암 크기 등을 봤을 때 수술을 포함한 치료는 하지 말자고 보호자와 합의했다. 중풍과 남은 수명을 생각하면 암이 느리게 자라 문제가 없을 것이라는 나의 의견을 보호자가 받아들인 면도 있었다. 그런데 몇 달이 지나지 않아서 암이 갑자기 커졌다. 그래도 원래 정한 치료 방침을 바꾸기가 쉽지 않았다. 나도 그렇고 보호자도 그러려니 했다.

그런 사이 암이 급격하게 커졌고 결국 터져서 출혈이 시작됐다. 조직이 썩어서 냄새도 심하게 났다. 순식간에 어쩌지도 못하는 상황이 되고 만 것이다. 수술하기에는 너무 커져버렸고 방사선 치료를 하기에는 중풍으로 오래 누워 있어서 몸 상태가 좋지 않았다. 그 이후 고생한 것은 이루 말할 수 없었다. 악취로 인해서 하루 두 번 드레싱을 했는데 출혈이 심해 치료도 힘들었고 일주일에 두 번 수혈해야 하는 상황까지 가고 말았다. 그렇게 환자는 2년을 더 생존했다.

나이 많은 암 환자가 이렇게 극적인 변화를 일으킨 경우는 아직도 드물지만 그래도 과거와 비교해서 확실히 달라졌다. 이제는 나이가 많다고 해서 암이 느리게 커질 거라고 판단할 수가 없다. 과거보다 변동성이 크고 빨리 자랄 때도 있어서 판단을 내리기가 더 복잡해졌다. 그래서 요사이는 언제까지 유방암 검진을 해야 하느냐고 물으면 횟수는 줄이더라도 할 수 있는 데까지는 검진을 하자고 권유한다. 그리고 유방암으로 진단되면 나이가 80~90세 정도로 많다고 해서 그냥 지켜보자고 얘기하지도 않는다. 상황을 봐서 최소한의 치료를 하자고 권유한다.

◆ ◆ ◆
환경이나 음식과 관련된 암이 증가했다

앞에서도 말했지만 모든 암 발생률이 증가하고 있는데 특히 환경이나 음식과 관계된 암이 증가했다. 대기 오염과 관계있는 폐암도, 육식과 관계있는 대장암도 증가하고 있다. 암 외에도 아토피, 류머티즘, 과민대장증후군 같은 자가면역질환이나 고혈압, 당뇨, 고지혈증, 비만 같은 생활습관병도 눈에 띄게 증가하고 있다. 무언가 이상하다. 과거와는 다르게 병의 형태가 바뀌는 것을 피부로 느끼는 요즘이다.

2

음식에 관심을 가지다

◆ ◆ ◆

여성 암 1위가 유방암이다

내가 유방암 검진 클리닉을 시작할 때만 해도 유방암 발병률은 낮았다. 그런데 2000년대 넘어서면서 우리나라도 여성 암 중에서 유방암이 1위로 올라섰다. 내 역할은 유방암을 진단하고 환자가 대형병원에서 수술을 포함한 치료를 시작하도록 돕는 것이었다.

대형병원에서 암 치료를 하고 나면 그다음 관리 문제는 환자 몫이다. 환자가 의사에게 "무엇을 먹으면 좋을까요?"라고 물으면 "골고루 드세요."라는 답을 듣는다. "더 이상 환자가 할 것은 없나요?"라고 물으면 "운동 열심히 하고 스트레스 받지 말고 편안히 생활하세요."라는 말을 듣는다. 의학적인 사실로는 맞는 이야기다. 하지만 환자는 불안하다. 그래서 정보를 찾아 나서고 자기들끼리 모임도 한다.

나는 개원 초기에 유방암 환자의 궁금증을 해결해 주기 위해서 진료 시간 외 만남의 시간을 마련했다. 갑자기 암을 진단받으면 당황스럽고 궁금한 것이 너무나 많으므로 환자에게 조금이라도 도움을 주기 위해서였다.

유방암도 그렇지만 모든 암의 원인은 복합적이다. 담배를 피우지 않아도 폐암에 걸리고, 채식을 해도 대장암에 걸리고, 아이 다섯 명을 낳고 수유해도 유방암에 걸린다. 그러니까 당연히 암 수술을 하고 조심할 것도 명확한 해답이 있는 것이 아니라 운동 열심히 하고 채식 위주로 먹으라는 두루뭉술한 이야기밖에 할 수가 없다.

◆ ◆ ◆

암 환자는 음식을 가장 궁금해했다

나는 모임을 시작하면서 환자들이 궁금해하는 것을 알아보기 위해서 먼저 "왜 자신이 암에 걸렸다고 생각하시나요?"라고 질문을 던졌다. 대부분은 스트레스 때문이라고 말했다. 시부모와

갈등하거나 남편과 자식 문제로 골머리를 썩이면서 생긴 스트레스 따위였다. 그러면 "앞으로 어떻게 했으면 좋겠습니까?"라고 물었다. 대부분은 앞으로 무엇을 먹으면 좋을지에 관해 물었다. 숨겨진 무언가, 비밀스러운 무엇이 있는지 기대하면서.

처음에는 원인이 스트레스라고 생각하면서 해결책을 왜 먹거리에서 찾는지 이해하지 못했다. 그래서 환자가 뭐라고 하든지 나는 스트레스에 관해서만 얘기했다. 암 환자에게 좋은 음식은 따로 정해져 있다고 할 게 없어서기도 했다. 암에 걸리면 주위에 있는 사람들이 너도나도 한마디씩 거든다. 환자는 맘이 급하니 암에 좋다는 음식을 찾아다니고 많은 돈을 쓴다.

암에 걸리면 걱정하는 친구와 친지들도 연락하지만 사기꾼들도 모여든다. 그래서 사기꾼을 조심하라고 알려준다. 사기꾼을 가리는 방법은 두 가지만 기억하면 된다. 첫째, 이러한 시술만 하면, 이것만 먹으면 100% 낫는다고 얘기하는 것은 사기다. 한계가 있고 어려운 일이지만 한번 해보자고 얘기하는 것은 적어도 사기는 아니다. 절박한 환자는 통계적으로 100% 낫는다는 확답을 주지 않는 의사 말보다 100% 낫는다고 장담하는 사기꾼 말을 들을 수밖에 없다. 둘째, 자기 기준에서 터무니없이 비싼 것을 권유하는 사람은 일단 돈만 생각하는 부류니까 믿지 말아야 한다.

증명되지 않은 암 치료인데 한 달에 수천만 원이 든다면 의심해야 한다.

◆ ◆ ◆
암 환자는 잘못된 정보에 속아서 비싼 돈을 쓰지 말자

나는 환자와 병원 외의 치료에 대해 상담한 다음 일단 돈을 아끼라고 충고한다. 우리나라는 의료보장이 아주 잘되어 있어서 암 환자는 전체 진료비의 5%만 부담하게 된다. 병원에서 원칙대로만 암 치료를 하면 큰돈이 들지 않는다. 그런데 병원 치료를 끝내고 나면 대부분이 암 요양원에 가서 한 달에 몇백만 원씩 쓰기도 한다. 집에서 밥해 먹기도 쉽지 않고 쉬고 싶다고 그렇게 한다. 하지만 의학적인 관점으로는 집에서 밥해 먹으면서 가족과 함께 지내는 것이 가장 좋은 방법이지 요양원에 간다고 예후가 더 좋은 것은 아니다. 우리가 푹 쉰다고 했을 때 멋진 호텔에 가서 쉬는 것이 좋을까, 집에서 푹 쉬는 것이 좋을까? 잠깐의 휴양은 호텔이 편하겠지만 일상생활을 지속하려면 집에서 쉬고 밥을 먹는 것이 우리 몸에 가장 건강하고 편안하다.

현재 암 치료는 엄청나게 발전하고 있다. 생존율도 상당히 높다. 웬만한 암들은 80~90% 완치를 보인다. 암 치료의 기본은 수술이다. 하지만 암 치료를 완성하기 위해서는 어딘가 남아 있는 암세포를 없애기 위해서 항암제와 방사선 치료를 해야 한다. 약물 치료는 암 조직의 유전자를 분석해서 각 성질에 맞는 항암제나 면역 치료를 하는 것이 중요하다. 환자 개개인의 몸에 있는 암의 성질에 따라 치료한다고 해서 '표적 치료targeted therapy'라고도 한다.

이런 약이 매년 엄청난 속도로 개발되는데 치료 효과도 상당히 좋다. 아직 보험이 적용되지 않아 1년에 수천만 원이 들 때가 있다. 그런데 초반에 없는 돈까지 다른 곳에 다 써버리고 막상 이런 치료에 돈이 필요한 경우 치료비가 없다고 하는 환자를 보면 안타깝다. 이런 경우를 대비해서 돈을 아껴두라고 권유한다.

안타까운 사례가 있었다. 남편을 일찍 여의고 어린 딸 하나를 키우면서 어렵게 살아온 58세 유방암 환자였다. 막노동도 마다하지 않고 살면서 조그만 집도 마련하고 딸도 시집보내고 50대를 맞이했다. 그런데 한숨 돌리자마자 유방암 진단을 받았다. 자기 몸을 돌보지 않은 탓에 진행된 유방암이었다. 수술과 항암제 치료를 마쳤지만 2년 만에 암이 뼈로 전이됐다. 병원에서는 새로 나온 약물을 사용해야 하는데 보험 적용이 안 되어 비싼 데다 치료 효과에 대해서도 장담을 할 수 없다고 했다. 어떻게 하면 좋을지 나에게 상담을 하러 왔다.

　나는 이런 경우 의학적인 판단만이 아니라 현실적인 접근도 함께하고자 노력한다. 환자가 어렵게 살아온 길에 대해서 듣고 현재 재산 상태는 어떠한지, 병에 대해서 앞으로 나쁜 결과가 닥치면 어떻게 할 것인지 등을 물어본다. 환자는 더 살고 싶다고 했다. 가진 것은 작은 아파트가 전부였고 아직도 몸을 써서 일해야 생활비를 벌 수 있는 상황이었다. 딸은 결혼해서 작은 연립주택에서 맞벌이하며 겨우 살아가고 있었다. 뼈에 전이된 암을 치료하려면 아파트를 처분한 돈의 70%는 쓰게 될 정도로 약값이 비쌌다. 그럼에도 치료 효과는 불확실했다. 완치는 거의 안 되고 수명을 몇 년 연장하는 정도였다.

　나는 조심스럽게 내 의견을 얘기했다. 치료 확률은 지극히 낮고 수명을 조금 연장만 하는데 치료비가 싼 것도 아니므로 신중하게 결론을 내렸으면 좋겠다고 말했다. 차마 얘기는 못 했지만 포기하라는 얘기였다. 그런데 환자는 살고 싶은 의지가 아주 강했다. 약물 치료를 시작했다. 하지만 1년도 되지 않아서 손을 못 댈 정도로 암이 진행됐다. 병원에서도 더 이상 치료는 무의미하다고 했다고 한다. 이미 가진 돈은 대부분 소비한 상태였다. 엎친데 덮친 격으로 집 화장실에서 넘어져서 대퇴골 골절이 생겼다.

수술도 안 되고 살아 있는 동안 간호를 받아야 하는 처지였다. 할 수 없이 딸 집으로 옮겼다. 맞벌이하면서 겨우 살아가는 딸 부부와 좁은 집에서 같이 지낼 수밖에 없었다. 결국 자원봉사자의 도움을 받으며 어렵게 몇 달 살다 돌아가셨다. 암 환자를 상담할 때 의학적인 판단도 중요하고 각자가 처한 상황을 이해하는 것도 중요하다. 당장 닥친 생존 문제에 대해서만 생각하는 환자와 보호자에게 앞으로 생길 여러 가능성에 대해 생각하면서 돈을 경제적으로 사용하자고 얘기하고 있다.

환자가 수술을 받거나 방사선과 항암제 치료를 마친 후 암 관리는 어떤 것이 가장 좋으냐고 물을 때 과학적인 연구 결과 확률적으로 가장 권유할 만한 방법으로 알려진 것은 땀 흘리면서 운동하기, 건강한 음식 먹기, 스트레스 관리하기다. 하지만 대부분 환자는 오직 암 치료에 좋은 음식에 대한 완고한 믿음을 가지고 있었다. 환자를 상담하는 의사로서 고민이 됐다. 그래서 환자가 가장 관심 있는 음식을 공부하게 됐다. 막연하게 건강한 음식을 먹으라는 것이 아니라 구체적으로 어떤 음식을 먹는 것이 좋은지 알려줘야겠다는 생각에서였다. 그 당시에는 요리에 대해 잘 몰랐으므로 이론적인 얘기가 주였다.

3

집밥하는 의사가 되다

◆ ◆ ◆

50대 중반이 되자 몸이 무언가 이상했다

환자와 음식 상담을 하면서 공부하다 보니 내가 요리에 직접적으로 뛰어드는 계기가 생겼다. 나도 한국의 중년 누구나와 마찬가지로 50대 중반까지 바쁘게 살아왔다. 유방암 검진 전문 병원에 전념하느라 전공 공부를 하기에도 바빴지만 세상의 여러 가지 일에 호기심이 많아서 여기저기 기웃거렸다. 외과 의사로서 종일 환자를 보고 저녁 늦게까지 모임을 하고 와서도 지칠 줄을 몰랐다.

원래 잘 먹고 잘 자고 건강했다. 뚱뚱했지만 큰 체격은 체력과 비례한다고 믿고 있었다. 먹는 양이 워낙 많아서 보통 사람의 두 배는 먹었고 끼니도 하루에 네다섯 번을 먹었다. 많이 움직이는데 그렇게 먹는 것이 당연하다고 여겼다. 먹는 양은 많았어도 건강한 음식만 먹었다. 튀기거나 구운 음식은 별로 먹지 않았다. 돼지고기는 삶아서 수육으로 먹고 쇠고기는 스테이크로 즐겼다. 술과 담배는 하지 않았다.

그런데 50대 중반이 넘어서자 몸이 무언가 이상했다. 특별히 아픈 곳은 없는데 한 번씩 피곤을 느끼곤 했다. 운동은 자주 걷는 것을 빼고는 특별히 하지 않았다. 동료 전문가들과 내 몸 상태를 상의하고 여러 가지 정밀 검사를 했다. 비만 이외에 모든 검사 수치가 완벽했다. 아무런 이상이 없었다. 진단 결과는 중년이란 나이에 따른 몸의 변화였다. 우리 몸은 여러 호르몬 작용으로 움직이고 있는데 중년에 따른 호르몬의 변화로 본 것이다. 여성의 폐경기 장애와 비슷한 논리다.

◆ ◆ ◆

병은 갑자기 생기는 것은 아니다

사람의 상태는 건강한 상태와 병적인 상태가 있고 그 중간에 불편한 상태가 있다. 불편함에 대해 지나치게 예민하게 생각해서 조금만 불편하면 병원을 찾는 사람이 있는가 하면 원래 그러려니 무시하다가 병을 키우는 사람도 있다. 둘 다 극단적인 경우는 문제가 된다.

병원에 있으면 지나친 걱정으로 수시로 병원을 방문하는 사람들을 만난다. 머리가 조금만 찌릿해도 뇌 컴퓨터단층촬영CT을 원하는 사람이 있고 검사한 지 얼마 되지 않았는데 겨드랑이가 묵직해서 유방암이 불안하다고 찾아오는 사람도 있다. 내가 환자의 이야기를 들어보고 불편한 부위를 진찰하고 나서 특별한 병은 아닐 것 같으니까 영상 검사나 피 검사는 하지 말고 지켜보자고 하면 이해를 못 하고 불만스럽게 병원을 나서는 환자들도 있다. 반대로 불편할 때 좀 빨리 왔으면 훨씬 좋은 결과를 얻을 수 있었을 텐데 불편함을 무시하다가 병을 키우는 경우도 있다.

때로 환자들이 갑자기 병에 걸려서 당황스럽다고 얘기한다. 그런데 병은 갑자기 발견하는 것이지 갑자기 생기는 것이 아니다. 그러니까 일반 사람들이 새겨야 할 것은 불편함이 있으면, 그것도 일시적으로 한 번이 아니고 부위가 계속해서 바뀌는 것이 아니라 한곳에 그런 증상이 있다면 일단 병원을 방문하는 것이 옳다. 그리고 전문가한테 맡기면 된다.

때로는 스스로 전문가가 되어서 "피곤하니까 갑상선 검사를 해주세요." "몸이 부으니까 신장 검사를 해주세요." "어지러우니까 빈혈 검사를 해주세요."라고 요구하는 경우가 있다. 그런데 환자는 일단 자기가 불편한 부분을 조리 있게 얘기하고 판단은 의사에게 맡기는 것이 좋다.

의사가 보기에 다른 검사가 필요 없으면 그냥 지켜보자고 하거나 우선 피 검사만 할 수도 있고 필요하면 정밀한 사진을 찍어볼 수 있다. 환자 자신이 생각하는 검사를 꼭 해야겠다는 생각을 버려야 한다. 많은 검사를 받는다고 몸의 모든 상태가 나오는 것도 아니다. 의사는 그런 상황에서 어떻게 접근할 것인지 수십 년 동안 훈련되고 경험을 쌓은 전문가다. 의사의 판단대로 검사해서 이상이 없고 불편함이 심하지 않으면 그냥 지켜보는 것이다. 환자가 힘들어하면 증상을 줄여주는 약을 처방한다.

나는 우선 환자가 생각을 정리하도록 돕는다. 병을 걱정하는 것인지, 너무 불편해서 힘이 드는 것인지 물어본다. 병을 걱정하는 경우 검사에서 이상이 없으면 아니라고 얘기한다. 그리고 아픈 것이 약을 쓸 정도인지 물어보고 그 정도는 아니라고 얘기하면 기다리자고 말한다.

◆ ◆ ◆
명상의 한 방법으로 요리를 시작하다

앞서 말했듯이 내 경우도 검사에서 아무런 이상이 없었다. 몸의 균형을 유지하는 호르몬이 중년이 되면서 기능이 떨어져 불편함을 느끼는 것으로 결론지었다. 내 일정을 점검했더니 과도한 면이 있었다. 과거에는 종일 환자를 보고 밤늦게까지 사람들과 어울려도 무리가 없었지만 이제는 몸에 부과되는 일정을 조정할 수밖에 없었다. 하지만 몸에 병이 생긴 것도 아닌데 몸이 조금 불편하다고 현재 삶의 형태를 바꾸기가 쉽지 않았다. 무엇보다 내 몸이 그렇게 변해가는 현상을 받아들이기도 쉽지 않다. 그렇다면 몸의 균형을 생각할 때 지나치게 긴장하고 무리하는 현재의 상태에서 몸에 휴식을 주는 이완적인 생활을 하면 되겠다는 결론을 내렸다.

인간은 주위의 위험에 노출되어 끊임없이 긴장하고 대치하고 극복하는 역사를 지나왔다. 눈을 동그랗게 뜨고 주위를 살피고 호흡이 빨라지고 심장이 뛰고 언제든지 상대방을 공격하거나 도망가기 위해 뛸 준비를 하면서 근육이 긴장하는 스테로이드가 지배하는 삶이다. 하지만 무한히 긴장만 하고 살 수 없으므로 휴식이 꼭 필요하다. 천천히 숨을 쉬고 근육을 이완하면서 편한 잠을 자도록 세로토닌이 분비된다. 스테로이드와 세로토닌이라는 두 호르몬의 균형이 맞아야 한다. 그런데 현대인은 스테로이드가 우세한 지나치게 긴장된 삶을 살기 때문에 여러 가지 불편한 증상이 생기는 것이다.

느긋함을 추구하는 이완 요법은 여러 가지가 알려져 있다. 긴장을 많이 하는 현대 생활에서 강조하는 방법은 명상이나 단전호흡 같은 훈련이다. 나도 요가, 명상, 단전호흡 등을 해보았는데 맞지 않았다. 바쁘게 여기저기를 쫓아다니다가 그냥 가만히 앉아 있으니 재미도 없고 움직이는 것보다 더 힘이 들었다. 이완 요법이 처음에는 따분하고 숙련되기까지 시간이 걸리지만 숙련되면 그렇게 좋을 수가 없다는 얘기를 들었다. 하지만 나는 그 고비를 못 넘기고 결국 포기하고 말았다.

그런데 다른 명상 방법으로 그냥 현실 생활에 충실하기만 해도 명상이 된다는 말이 귀에 들어왔다. 걸으며 매 순간 하는 호흡에 집중하거나 요리를 하거나 음식을 천천히 씹어 먹는 것도 명상이라고 했다. 나는 걷기는 좋아하지만 일정한 시간에 규칙적으로 하자니 부담이 됐다. 그런데 요리는 해보고 싶었다. 먹는 것을 좋아하기 때문이었다. 무엇보다 새로운 도전을 하는 것에 흥미를 느껴 약간 들뜬 마음으로 요리를 시도하게 됐다.

4

요리는 훌륭한 명상이다

막상 요리를 시작하려니 막막했다. 밖의 일과 부엌일이 구분된 시대에 살았기 때문에 부엌에 들어간 적이 거의 없었다. 아내에게 요리를 배우려니까 자꾸 다투었다. 운전은 배우자에게 배우면 안 된다는 것과 같은 이치였다. 그래서 요리 전문가에게 부탁해서 한식과 이탈리아 요리를 배웠다. 요리 교실에서 가르치는 것은 레시피 위주였다. 그날 요리할 음식 재료를 준비해서 만드는 방법을 가르쳐 주었다.

평생 요리를 해온 전문가는 쉬운 방법이라고 가르쳤지만 나에게는 어려웠다. 한식에서 가장 기본인 된장국 끓이는 것만 하더라도 기본 물을 제대로 내는 것부터 감을 못 잡았다. 음식은 손맛이기에 익히기까지 시간이 걸린다고 얘기했지만 요리를 한 번도 한 적이 없고 낮에는 일해야 하는 사람이 저녁에 신경을 쓰면서 요리한다는 것은 쉬운 일이 아니었다. 무엇보다도 요리할 때마다 노트를 뒤지고 레시피를 참조하는 것이 귀찮았다. 배웠어도 금방 까먹고 다음에 할 때마다 실수가 반복됐다. 기본적인 가나다라도 모르는데 한글을 배우는 것과 같았다. 이런 방식으로는 쉽게 요리할 수 없겠다는 생각이 들었다. 무엇보다도 내가 추구하는 것은 건강한 밥 한 끼와 요리를 통한 명상이지 맛있는 특정 요리 종류를 늘리는 것이 목표가 아니었다.

◆ ◆ ◆
요리는 전체적인 개념을 잡고 세부적으로 공부를 했다

그래서 요리 교실을 그만두고 의과대학에서 공부하듯이 혼자 해보기로 했다. 의학은 먼저 사람 몸을 이해하기 위한 기초 학문인 생리학, 해부학, 생화학, 세균학 등을 공부한다. 그다음 개별 병에 대해 각각 정의를 내리고 생리적으로 생화학적으로 어떤 성질을 가졌는지 파악해서 원인을 밝힌 후 분석 자료를 가지고 치료에 접근한다.

요리도 같은 체계로 시도했다. 우선 큰 그림으로 정리했다. 음식은 주식과 조미료로 나뉜다. 주식은 쌀로 된 밥과 밀가루로 된 빵이 있다. 조미료는 단맛, 짠맛, 쓴맛, 신맛을 내는 재료다. 단맛을 내는 것에는 설탕, 꿀, 매실청, 조청 등이 있고 짠맛을 내는 것에는 소금, 간장, 된장 등이 있다. 이렇게 정리하자 간단히 해결됐다. 우선 주식으로 무엇을 먹을지 정하고 반찬은 무엇을 어떤 맛으로 먹을 것인지 선택하면 그만이다.

예를 들어 주식으로 밥을 먹고 싶으면 현미밥인지 백미밥인지를 정한다. 그다음 어떤 재료를 이용해서 어떤 맛을 내는 조미료를 선택할 것인지 정하면 된다. 레시피 위주로 요리하는 기존 방법에서 벗어난 방법이었다. 때로 내가 하는 요리가 무슨 요리냐는 소리도 듣고 국적 불명의 이름도 없는 요리라는 얘기도 들었다. 하지만 초보자가 시작하기에는 나름 합리적인 방법이었다. 10년 전 요리를 시작할 때는 처음부터 완벽하게 하지 못해서 아내의 도움을 많이 받았다.

건강을 목표로 요리를 시작했으므로 채식을 해보기로 했다. 채식 중에서도 가장 엄격한 비건을 선택했다. 육류는 물론이고 생선과 유제품조차 먹지 않았다. 복잡한 조리 과정 없이 초보자가 쉽게 할 수 있는 방법이기도 했다. 조리도 최소화하고 신선한 채소 위주로 식사했더니 효과가 놀라웠다. 체중이 쭉쭉 빠졌다.

4년에 걸쳐서 20킬로그램이 빠졌다. 몸이 가벼워지고 활력이 회복되는 것이 느껴졌다. 흔히 다이어트를 하면 배가 고프지 않을까, 맛이 없지 않을까 걱정을 한다. 원래 나는 먹는 양이 많았으므로 양을 줄일 수는 없었다. 대신 열량을 생각해서 채식을 하고 굽거나 튀기지 않고 삶거나 날것으로 먹었다. 사람이 느끼는 맛은 주관적인 감각이므로 양념을 한 가지라도 적게 넣어서 입맛을 순하게 만들어 갔다. 간단히 찐 채소만으로도 맛을 느끼고 많은 양을 먹는 데도 체중이 빠지고 이전처럼 활력이 회복되니까 신이 났다. 그래서 점차 요리하는 횟수가 늘어났다.

◆ ◆ ◆
쉽게 건강하게 하는 요리가 핵심이다

어설픈 요리지만 쉽게 혼자 해 먹게 되니까 점점 다양한 요리를 하면서 경험을 쌓아나갔다. 10년이 지나니 이제는 웬만한 한식과 이탈리아 요리는 쉽게 하고 두부나 치즈 등은 직접 만들어서 먹는다. 그리고 요리를 가르쳐주기까지 한다. 집밥의 중요성과 요리 방법에 대해 강의하면 시간이 없어서 요리하기가 어렵다는 얘기를 가장 많이 듣는다. 물론 요리는 시간이 걸린다. 그럼에도 요리한다는 것은 하루라는 정해진 시간에서 중요성을 어디에 두느냐의 문제다. 누구는 사람들과 술 마시며 어울리는 것이 시간 낭비가 아니라 스트레스를 해소하고 관계의 즐거움을 느끼는 것이라 생각한다. 누구는 열심히 일하는 것이 삶을 알뜰하게 사는 것이라고 생각한다. 현재 나에게 가장 중요한 부분은 진료하는 것이지만 나머지 쉬는 시간에 하는 중요한 것은 요리하는 것이다.

많은 사람이 취미 겸 운동으로 등산을 가고 강변을 걷고 스포츠를 즐긴다. 그런데 나는 해보고 싶은 일들이 많아서 한 가지만하면서 시간을 많이 쓰는 운동이나 취미활동은 하지 않았다. 골프도 치지 않는다. 아파트에서 살 때는 하루에 150층 정도 되는 계단을 걸어서 올랐다. 엘리베이터를 타고 내려가서 계단을 반복해서 걸어서 오르면 하루 20분만 해도 충분한 운동이 됐다.

이렇게 시간을 아껴 한 가지 일이라도 더 하겠다고 계획하던내가 요리를 시작하자 요리에만 한두 시간을 소비하는 것이 전혀 아깝지 않았다. 요리하는 동안은 이렇게 좋은 명상이 없다. 온전히 한 가지 일에 집중할 수 있고 무엇보다 요리의 결과로 맛있는 음식을 먹을 수 있다는 것이 큰 장점이다. 나에게 요리는 요가를 하고 명상한다고 조용히 앉아 있는 것에 비할 바가 아니었다. 훌륭한 명상인 동시에 지친 하루를 끝내고 활력을 회복하는 수단이다. 그리고 다른 사람을 초대해서 요리한 음식을 나누는 것은 훌륭한 사회활동이기도 하다.

이 책은 요리에 관한 책이지만 요리법을 다루지 않는다. 맛을 추구하는 요리를 소개하지도 않는다. 요리하는 의사로서 나의 경험에 바탕을 둔 이야기다. 초점은 쉽게 접근하는 요리이고 핵심은 건강한 요리다.

2장

영양 성분을
제대로 알아야
한다

1

가장 중요한 영양소는 탄수화물이다

1만 년 전 인류가 농경 생활을 시작하면서 지역마다 재배하기에 맞는 품목이 그 지역의 주식이 됐다. 서양은 밀이고 동양은 쌀이 주식이 됐다. 오랫동안 우리나라에서는 쌀을 주식으로 먹었다. 현재는 여러 가지 원인으로 쌀 소비가 급격하게 줄어들었다. 30년 전에 비해 반밖에 소비하지 않는다. 하지만 쌀은 중요한 에너지원이다. 탄수화물을 건강의 적으로 생각하는데 잘못된 상식이다. 인간은 에너지를 크게 3가지 형태로 밖에서 얻는다. 탄수화물, 단백질, 지방이다.

식물은 스스로 에너지를 만들어 살아간다. 잎에서 이산화탄소를 흡수하고 뿌리에서 물을 빨아올려서 햇빛의 도움으로 포도당

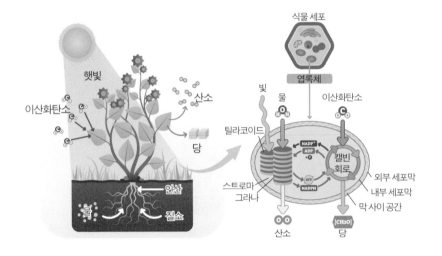

을 만든다. 광합성이다. 그리고 뿌리에서 질소와 인과 같은 각종
영양소를 흡수해서 성장한다. 광합성을 해서 얻은 포도당은 식
물마다 형태가 다르고 성장 에너지로 이용한다. 식물 고유의 단
맛을 나타내고 특유의 향이 있다. 식물은 포도당을 살아가는 데
이용하고 남는 것은 저장한다. 이것이 녹말 또는 전분이다. 우린
다당류라고 하는데 고소한 맛이 난다.

식이섬유는 식물이 본연의 모습을 갖추도록 뼈대를 이룬다.
식이섬유는 많은 포도당이 얽힌 다당류이며 수용성과 불용성 두
종류가 있다. 결합이 느슨해서 물에 녹는 펙틴과 검 같은 수용성
식이섬유와 아주 단단하게 얽혀 물에 녹지 않는 셀룰로스로 나

뉜다.

정리하면 식물이 만드는 탄수화물은 맛과 향을 내는 당, 에너지를 저장한 전분, 뼈대를 이루는 식이섬유로 구성되어 있다.

인간은 스스로 에너지를 못 만들기 때문에 밖에서 에너지를 구해야 한다. 인간은 고기도 먹고 풀도 먹는 잡식성이다. 인간이 얻는 에너지의 기본은 탄수화물이었다. 다른 동물들에 비해서 약한 인간은 사냥하기가 쉽지 않아서 다른 동물을 잡아먹을 기회가 드물었다. 가장 손쉽게 구할 수 있었고 보관하기도 쉬운 에너지원은 탄수화물이었다. 그래서 인간은 탄수화물을 주 에너지로 이용하도록 소화기관이 진화됐다. 아주 중요한 이야기다.

인간은 진화적으로 에너지의 60%는 탄수화물이 차지해야 건강하다. 그런데 현재는 탄수화물 섭취 비율이 자꾸 낮아진다. 더구나 저탄고지 같은 다이어트가 유행하면서 탄수화물 섭취가 더욱더 줄어들고 있다.

탄수화물 외에 몸을 유지하는 데 중요한 효소를 만들기 위해 단백질은 15% 정도, 지방은 25% 정도 섭취하는 것이 바람직하다. 지방은 저장 에너지로서 탁월한 물질이므로 일정 부분 섭취해야 한다. 단백질과 지방에 관한 이야기는 뒤에서 따로 자세히 다루겠다.

이렇게 인간이 살아가는 데 필요한 영양분인 탄수화물, 단백질, 지방을 골고루 섭취해야 건강하다. 그중 가장 중요한 영양소는 탄수화물이다. 탄수화물은 인간이 자연에서 과일을 따 먹고 풀을 뜯어 먹고 꿀을 채취해서 얻는다. 다양한 식물에는 각각 다른 탄수화물이 있다. 과일에는 자당이 있고, 우유에는 유당이 있고, 꿀에는 과당이 있다. 종류는 다르지만 어떤 것이든 이당류 이상의 복합당이고 단일 탄수화물은 없다.

우리 몸속에 들어온 탄수화물은 분해된다. 침에서 아밀라아제amylase가 나와서 전분을 분해하고 소장에서 다양한 효소가 나와서 탄수화물을 분해한다. 결국은 가장 단순한 당인 포도당$_{C6H12O6}$으로 분해한다. 포도당은 간에서 에너지와 글리코겐으로 전환된다. 에너지는 당장 쓰이고 글리코겐은 간과 근육에 저장된다. 글리코겐은 동물의 저장 탄수화물이고 전분은 식물의 저장 탄수화물이다.

이렇게 중요한 탄수화물은 주식인 쌀이나 밀을 통해서 얻는다. 그런데 탄수화물에 대한 오해 때문에 쌀 소비가 줄어들고 밀에 대한 오해도 많은 형편이다. 그래서 먼저 쌀과 밀에 관한 제대로 된 과학적인 사실을 이야기하고자 한다.

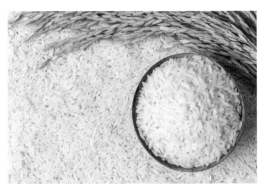

쌀. 탄수화물은 주식인 쌀이나 밀을 통해서 얻는다. 그런데 탄수화물에 대한 오해 때문에 쌀 소비가 줄어들고 밀에 대한 오해도 많은 형편이다.

◆ ◆ ◆
쌀은 흰쌀밥보다 잡곡밥이 좋다

동양에서 쌀을 주식으로 한 이유는 풍부한 물과 따뜻한 기온이라는 조건이 맞아서다. 쌀 종류가 동남아에서 나는 인디카 종과 동북아인 한국과 일본에서 나는 자포니카 종으로 나뉘는 것도 기후 때문이다.

힘든 노동을 하던 옛날에는 밥심으로 살았다. 다른 특별한 먹거리가 없던 때 거친 쌀만 많이 먹어도 건강에 문제가 없었다. 하지만 까칠한 껍질 때문에 맛있게 먹기가 불편했다. 도정 기술이 발달하면서 맛있는 백미를 맛본 지는 100년이 안 된다. 더구나 부족한 쌀 때문에 여러 가지 잡곡을 섞어서 먹다가 눈부시게 하얀 쌀을 먹어본 사람들은 눈이 휘둥그레졌을 것이다. 달고 부드러운 식감에 감동했을 것이다. 내가 초등학교에 다니던 시절에는 통일벼가 나오기 전이라 쌀이 귀했다. 그래서 잡곡을 섞어 먹는 것을 장려했고 선생님이 도시락에 잡곡이 섞여 있는지 검사를 하셨다. 잘사는 집 아이들은 흰쌀밥을 싸왔고 못살수록 까만 보리밥 비율이 높았다. 보리밥을 싸온 아이들은 도시락을 꺼내는 것조차 부끄러워했다.

옛날에 흰쌀밥에 고깃국은 이상적인 메뉴였다. 하지만 이런 맛에 취해서 인간은 많은 것을 잃었다. 쌀은 씨눈(배아), 씨젖(배유), 껍질로 구성되어 있다. 자손을 위한 씨눈이 있고 나머지 부분인 씨젖에는 씨눈을 키우는 당분이 들어 있다. 곡식을 둘러싼 껍질은 이중으로 돼 있다. 겉껍질은 왕겨이고 속껍질은 겨라고 한다. 중요한 미네랄 등 영양분은 씨눈에 있고 식이섬유는 속껍질에 있다. 현미는 겉껍질인 왕겨만 벗겨낸 것이고 백미는 먹기가 불편하다고 속껍질과 씨눈까지 모두 깎아 당분만 남아 있다. 백미는 영양을 다 깎아 내고 먹는다는 이야기다.

그러니까 쌀에서 다양한 영양분을 얻기 위해서는 현미를 먹어야 한다. 사람들도 현미가 좋은 줄은 아는데 꺼린다. 왜일까?

현미. 쌀에서 다양한 영양분을 얻기 위해서는 현미를 먹어야
한다.

주된 이유는 먹기가 힘들고 속이 불편해서다. 현미를 푹 불리고
나서 전기 압력솥으로 밥을 하면 흰쌀밥과 거의 차이가 없을 정
도로 부드러운 밥이 된다. 무엇보다 현미는 입에 넣고 꼭꼭 씹어
야 한다. 침과 섞어서 많이 씹으면 전분이 분해되고 고소한 맛이
나서 오히려 백미가 맛이 없다는 것을 느낄 것이다. 물론 현미
껍질이 소화가 안 되거나 독성 성분으로 인해 불편한 사람도 있
다. 그런 경우는 오분도미나 백미를 먹으면 된다.

　현미에 관한 잘못된 정보로 현미밥을 꺼리는 사람도 많았다.
이것도 바로잡고자 한다.

　첫째, 현미 찹쌀을 섞어 밥을 지으면 까칠한 현미밥을 쉽게 먹
을 수 있다? 틀린 말은 아니다. 그런데 현미를 푹 불려서 밥을 지
으면 찹쌀이 필요 없을 정도로 부드러워진다. 가격 대비로 해도

찹쌀이 비싸고 영양적으로도 똑같으므로 굳이 그럴 필요가 없다.

둘째, 백미에 발아 현미를 넣으면 더 맛있고 영양소가 같으므로 현미밥을 먹는 것과 효과가 같다? 먹는 성분은 같지만 부분적인 성분을 뽑아서 먹는다고 현미가 가진 전체적인 이익을 전부 얻는 것은 아니다. 중요한 식이섬유는 빠져 있다. 영양학에서 각 성분을 뽑아서 먹으면 모든 성분을 먹는 것과 똑같지 않느냐는 질문을 하는 경우가 있다. 생태학에서 유명한 말로 "부분의 합은 전체가 아니다."라는 말이 있다. 총합 그 이상의 효능을 나타낸다. 게다가 현미만 먹어도 해결될 문제를 이중으로 비용을 소비하는 것일 뿐이다. 비용 대비 효과는 반감된다. 식품에 쓸데없는 비용은 쓰지 말자. 꼭 필요한 경우에만 비싼 값을 지불하는 것이 현명하다.

셋째, 현미 껍질에 농약이 있을 확률이 높다? 유기농으로 재배한 현미를 구하면 간단하게 해결되는 문제다. 이럴 때는 값을 치르면 된다. 사실 그렇게 더 비싸지도 않다. 하루 몇백 원 더 비쌀 뿐이다. 그리고 만약 껍질에 농약이 남아 있더라도 현미를 먹음으로써 얻는 이득이 잔류 농약을 먹는 것보다 크다. 잔류 농약도 제거하는 방법을 알면 줄일 수 있으며 생각만큼 해롭지도 않다.

넷째, 현미에 있는 피틴산phytic acid이 미네랄 흡수를 방해하고 건강에 문제를 일으킨다? 모든 식물은 궁극적으로 자손을 퍼뜨릴 열매를 맺는다. 열매에는 동물이 먹지 못하도록 소화기관을 녹이는 독성이 들어 있다. 현미뿐만이 아니라 콩과 깨 등 모든 씨앗은 자신을 보호하기 위해 피틴산이라는 물질을 갖고 있다. 피틴산은 일종의 독소인 파이토케미컬이다. 벼에 있는 피틴산은 작은 곤충에게는 문제를 일으킬 수 있지만 몸집이 큰 인간에게는 문제를 일으킬 정도로 미네랄 흡수를 방해하지 않는다. 피틴산이 인간에게 해를 끼칠 정도의 많은 양도 아닐뿐더러 인간은 진화 과정 동안 여기에 적응해왔다. 그리고 약한 독을 가진 다양한 파이토케미컬은 우리 몸을 긴장시키고 면역을 자극해서 오히려 건강에 도움이 된다는 연구 결과도 많다.

다섯째, 현미에 있는 비소는 중금속인데 문제는 없을까? 다른 곡물과는 달리 쌀은 오염된 땅속의 비소를 흡수하는 성질이 있다. 현미만의 문제는 아니고 백미도 똑같이 비소가 들어 있다. 하지만 두 가지 면에서 그나마 다행이다. 우선 우리나라 쌀은 비소 함유량이 적다. 비소는 미국 쌀에 많이 들어 있다. 특히 미시시피강 하류 텍사스 쪽 쌀은 미국에서도 경계할 정도로 비소 함유량이 높다. 미국에서는 캘리포니아 쌀이 비소 함유량이 가장 낮다. 우리나라 쌀은 캘리포니아 쌀과 비교해도 아주 낮다. 비소

허용량도 국제적으로 아주 엄격한 유럽 기준으로 정했기 때문에 안심해도 된다.

하지만 비소는 중금속이다. 중금속은 축적되는 성질이 있으므로 먹는 양이 적을수록 좋다. 다행히 비소는 수용성이라 물에 씻으면 상당 부분 줄어든다. 쌀 부피의 5배 정도의 물에 씻고 6시간 이상 물에 불리고 나서 밥을 하면 비소량이 거의 무시할 수준인 80% 이상 줄어든다. 쌀을 불리고 씻어서 먹으면 중금속인 비소 문제는 해결된다.

◆ ◆ ◆

밀가루가 현대 생활습관병의 원인은 아니다

우리나라에서 빵을 주식으로 먹는 사람들이 반을 넘었다. 그런데 건강하지 않은 빵을 먹는 경우가 많다. 반대로 밀가루에 관한 잘못된 정보로 빵을 먹지 않는 사람도 있다. 흔히 서양에 고혈압, 당뇨, 고지혈증 같은 생활습관병이 많은 것을 보고 서양의 주식이 빵이니까 밀가루를 주범으로 여겨 밀가루는 건강에 좋지 않고 쌀이 건강에 좋다고 믿는다. 음식 관련 프로에서는 밀가루를 끊었더니 건강을 회복했다는 체험담도 나온다.

그런데 내용을 자세히 분석해 보면 밀가루로 만든 빵의 문제

밀가루. 밀가루로 만든 빵의 문제가 아니라 건강하지 않게 만든 빵을 먹었기 때문에 병이 생긴 것이다. 밀가루나 쌀 같은 탄수화물은 인간에게 중요한 에너지원이다.

가 아니라 건강하지 않게 만든 빵을 먹었기 때문에 병이 생긴 것을 알 수 있다. 밀가루가 현대 생활습관병의 주범이 아니라는 말이다. 병의 원인은 빵을 좀 더 맛있게 만들기 위해 밀 껍질을 벗겨내고 흰 밀을 사용하는 것과 경제적인 효율성과 맛을 좋게 하려고 여러 가지 첨가물을 넣는 것에 있다. 그러니까 병이 생기는 것은 밀가루 때문이 아니라 문명화된 식생활 습관 때문이다. 밀가루나 쌀 같은 탄수화물은 인간에게 중요한 에너지원이다. 탄수화물도 좋고 나쁜 탄수화물이 있는데 좋은 탄수화물을 먹으면 건강에 문제가 없다. 현미와 같은 개념에서 통밀로 만들어 툭박지고 맛이 없는 빵은 건강한 빵이다.

밀에 관한 논란 중 대표적인 것이 글루텐이다. 밀가루는 주성분인 탄수화물이 70%를 차지하는데 쌀에는 적은 단백질이 10%나 들어 있다. 단백질 대부분을 구성하는 것은 글리아딘과 글루테닌이라는 글루텐이다. 글루텐 함량에 따라 밀가루는 박력분, 중력분, 강력분으로 나눈다. 전을 굽거나 과자를 만드는 데 사용하는 밀가루는 점도가 낮아도 되므로 박력분이나 중력분을 쓰고, 빵은 글루텐 함량이 12%는 되어야 쫄깃한 식감을 느낄 수 있으므로 강력분을 쓴다. 글루텐은 빵의 점도를 높여주는 단백질이다. 탄수화물이 주성분인 밀가루에 미생물인 효소를 넣으면 발효되어 부풀어 오른다. 이산화탄소가 발생하는 것인데 글루텐은 밀가루 속에 이산화탄소를 붙잡아 두는 역할을 한다. 이렇게 글루텐은 빵을 부풀게 하고 빵 특유의 향을 낸다.

인간은 외부에서 음식을 섭취해서 에너지를 만든다. 우리가 외부에서 얻는 영양소는 탄수화물, 단백질, 지방이다. 그중 단백질은 우리 몸에서 아직 일정 부분 거부 반응이 있는 영양분이다. 가장 잘 알려진 것은 고등어에 많은 히스타민으로 인해서 생기는 두드러기가 있다. 글루텐이라는 단백질도 분해되는 과정에서 알레르기를 일으키거나 소화가 되지 않는 불내증을 겪는 환자가 일정 비율로 있다.

밀가루의 해로움이 세상에 알려진 것은 셀리악병Celiac Disease 때문이다. 밀가루 음식을 먹었을 때 밀가루 속 단백질이 소화되지 않고 과민 반응을 일으켜 소장의 융모에 염증이 생겨 음식을 소화하지 못하고 영양이 결핍되는 병이다. '장 누수 증후군'이라고도 알려져 있다. 이런 환자는 글루텐이 들어 있는 음식을 먹기만 해도 심각한 부작용을 나타낸다. 밀가루가 주식인 미국에서 인구의 1% 정도가 이 병을 가지고 있다. 하지만 우리나라에서는 지금까지 보고된 환자는 한 명이다. 미국에서는 인구의 1%라고 하더라도 수백만 명이다. 그래서 글루텐 프리Gluten-free 음식이 발달했고 식당에서도 반드시 점검하고 있다. 그런데 시간이 지나면서 글루텐 프리 음식이 건강 음식으로 알려져 사업적인 마케팅과 결합해서 엄청난 인기를 누렸다. 2020년 글루텐 프리 음식 시장은 47억 달러에 육박하고 계속 성장세를 타고 있다.

이에 하버드대학교 의대를 비롯한 연구기관에서 글루텐에 대해서 제대로 알고 쓸데없는 소비를 하지 말도록 정보를 공개하고 있다. 2023년 하버드 공중위생대학원 홈페이지에 올라온 내용을 보면 글루텐 프리 음식이 건강에 더 좋다는 증거가 없으며 큰 비용만 쓰게 할 뿐이라고 나와 있다. 오히려 글루텐이 요즘 유행하는 프리바이오틱스의 일종이라는 보고도 있어서 건강에 유리할 수도 있다.

무엇보다 중요한 것은 글루텐이 건강을 해친다는 보고를 찾을 수가 없다는 것이다. 소아과 의사 클레어 매카시Claire McCarthy는 소아에게 글루텐 프리 음식을 먹이는 것은 오히려 해로울 수 있다고 충고한다. 이유는 세 가지다. 글루텐을 포함하는 통밀은 다양한 영양소를 가지고 있다. 아이에게 특정 부분만 가려서 먹이는 경우 영양소가 결핍될 수 있다. 그리고 열량이 풍부한 글루텐을 먹이지 않으면 오히려 열량이 결핍될 수 있다. 마지막으로 비소가 없는 밀 대신 쌀을 먹이면 비소 중독을 일으킬 수 있다(미국 쌀은 농지 오염 때문에 우리나라 쌀보다 비소 함유량이 많다). 더 자세한 정보가 필요한 사람은 하버드 공중보건대학원 홈페이지(hsph.harvard.edu)를 참조하기를 바란다.

빵은 먹고 싶은데 밀가루는 해롭다고 하니까 여러 가지 대안이 나온다. 그중 하나가 쌀로 만든 빵이다. 그런데 쌀로 만들면 떡이 되지 빵이 되지 않는다. 쌀빵은 쌀을 주원료로 해서 글루텐을 넣어 만든다. 이렇게 해서는 아무리 잘 만들어도 밀가루 속 글루텐과 효모가 어우러져서 완성되는 빵 특유의 식감을 제대로 느낄 수가 없다. 빵은 빵으로 건강하게 만들어서 제대로 먹고 떡은 떡으로 먹으면 될 일이다.

주식이 되는 쌀과 밀에 관해서 이야기했다. 그런데 왜 쌀은 현미를 먹고 밀은 통밀로 만든 빵을 먹어야 하는가? 그건 식이섬유 때문이다. 식이섬유와 프로바이오틱스에 관한 상식도 알아두는 것이 좋다.

◆ ◆ ◆

식이섬유는 최고 장내 세균 역할을 하는 물질이다

사실 현미나 통곡물이 중요한 이유는 식이섬유 때문이다. 사람이 음식을 먹는 이유는 에너지를 얻기 위해서다. 이전에 식이섬유는 에너지가 없어서 필요 없는 물질로 인식됐다. 그래서 쌀을 도정하고 밀을 제분하면서 껍질의 식이섬유가 깎여 나가도 당연하다고 여겼다. 다만 씨눈에 있는 각종 영양소가 깎여 나가는 것은 문제가 있다고 생각했다. 그래서 먹기 쉽게 백미나 흰 밀가루를 만들고 씨눈을 넣어서 먹으면 된다고 생각하기도 했다.

쓸모없던 식이섬유가 주목받기 시작한 것은 불과 50여 년 전이다. 아프리카에 근무하고 있던 영국인 외과 의사 데니스 버킷 Denis Burkitt은 길 곳곳에서 거대한 똥을 발견했다. 처음에는 소똥인 줄 알았는데 알고 보니 그곳 주민의 똥이었다.

일반 사람이라면 무심코 지나쳤을 똥이 외과 의사 눈에는 유독 잘 보인다. 전혀 더럽지 않다. 일종의 직업병이다. 외과 의사는 수련생 시절 병실을 돌아다니면서 수술한 환자에게 세 가지만 확인하면 됐다. 잠을 잘 자느냐? 밥을 잘 먹느냐? 똥을 잘 누느냐? 이 세 가지만 문제없으면 퇴원을 준비한다. 그런데 환자가 똥을 못 눈다면 장이 막히지는 않았는지 배를 두드리고 청진기를 대보고 손가락을 항문에 넣어서 확인하는 것이 외과 전공의의 주된 일이다. 외과 의사가 가장 걱정하는 문제는 복부 수술후 장 유착으로 인한 창자 막힘이기 때문이다. 이런 이유로 외과의사에게 똥은 더럽기는커녕 친근한 존재라 할 수 있다.

외과 의사 버킷이 길거리에 널린 똥에 관심을 가진 것은 당연했다. 똥을 관찰해보니 부피는 영국인 똥의 3배나 컸고 누런빛을 띠었고 냄새도 나지 않았다. 외과 의사가 가장 좋아하는 똥이었다. 그에 반해 영국인 똥은 염소 똥같이 작고 끈적하고 고약한 냄새가 났다. 요즘 우리나라 사람들 똥도 이렇다. 영국으로 돌아온 버킷은 영국인에게 대장암이 많고 아프리카인에게 대장암이 적은 것은 똥의 차이를 만든 음식 속 식이섬유가 원인이라는 연구 결과를 1971년에 발표했다. 그리고 대장암 예방에 식이섬유가 중요하다고 얘기하고 다녔다.

식이섬유는 또 다른 분야에서도 주목받았다. 1960년대 미국

데니스 버킷. 버킷은 영국인에게 대장암이
많고 아프리카인에게 대장암이 적은 것은
똥의 차이를 만든 음식 속 식이섬유가 원
인이라는 연구 결과를 1971년에 발표했
다. 그리고 대장암 예방에 식이섬유가 중요
하다고 얘기하고 다녔다.

에서 비만, 고지혈, 당뇨, 고혈압이 급증했다. 왜 이런 병들이 급
증하는지 어떤 음식에 문제가 있는지 연구가 시작됐다. 1961년
미국심장학회는 임상 연구 결과를 거쳐 심장병을 일으키는 원인
으로 지방을 지목했고(이 연구는 잘못된 연구 결과를 섣불리 발표함으
로써 대표적인 논란거리 중 하나가 됐다) 저지방식을 대안으로 내놓
았다. 그러면서 열량이 적고 우리 몸에 들어오더라도 부피가 커
져서 더 이상 많이 못 먹도록 하는 식이섬유에 주목했다.

식이섬유. 식이섬유가 단순히 대장암 예방이나 생활습관병에 좋은 것으로 인식되다가 최고 장내 세균 역할을 한다는 것이 밝혀져 더욱 주목받고 있다.

1974년부터 식이섬유는 성인병 예방에 좋은 식품으로 이름을 알렸다. 우리나라에서도 식이섬유가 들어간 건강음료 ×××화이바가 많이 팔린 것을 기억할 것이다. 이런 현상은 지금도 반복된다. 어떤 것이 건강에 좋다는 연구가 나오면 가장 먼저 그 성분이 들어간 상품이 나온다. 그 이후 저지방 식품과 식이섬유 제품을 많이 먹는데도 심장병은 줄어들지 않았다. 그리고 원인은 탄수화물에 있다는 연구가 나오면서 또다시 열풍은 상품으로 만든 무가당으로 옮겨붙었다.

현재는 어느 한 가지 원인만으로 고지혈, 고혈압, 당뇨 등 생활습관병이 생기지는 않는다고 본다. 모든 영양분을 골고루 잘 먹는 것이 답이다. 하지만 생활습관병에서 식이섬유의 중요성이 변한 것은 없다. 여전히 중요하다. 다만 제품이 아니라 식품으로서 섭취하는 식이섬유가 중요하다.

식이섬유가 단순히 대장암 예방이나 생활습관병에 좋은 것으로 인식되다가 10여 년 전부터 또 다른 이유로 주목받았다. 1990년에 시작된 게놈 프로젝트 때문이었다. 이 프로젝트는 건강과 병을 좌우하는 원인을 밝히기 위한 유전자 연구다. 미국 대통령령으로 특별 예산 30억 달러가 책정됐고 조만간 인간의 유전자 실체가 밝혀지고 병의 해결에도 도움이 될 것이라는 기대가 굉장했다. 그 당시 신문 발표를 보면 온통 희망 섞인 기대가 많았다.

2003년에 연구가 조기 종료되면서 많은 희망적인 결과를 보였지만 동시에 또 다른 숙제를 남기기도 했다. 원래는 인간의 유전자가 10만 개 이상은 되리라고 예측했는데 2만 5,000개에서 4만 개 수준으로 나온 것이다. 온갖 고차원적인 생각을 하는 고등 동물인 인간의 유전자 수가 초파리 수준밖에 되지 않는다는 것이 이해되지 않았다. 그럼 복잡한 인간의 생각과 행동은 어디에서 나온다는 말인가?

이런 의문을 풀기 위한 연구가 다시 진행됐고 몇 년 후 놀라운

비밀이 밝혀졌다. 식이섬유의 새로운 발견이었다. 인간의 몸은 늙고 병들거나 다친 조직은 탈락하고 새로운 조직으로 살아나고 채워진다. 유전자가 이 과정을 설계하고 조정해서 완성한다. 유전자가 활동할 때 유해 물질인 활성 산소가 나오거나 주위의 방사선에 영향을 받으면 유전자에 돌연변이가 일어나 이상한 세포가 만들어지면서 병이 생긴다.

물론 이 과정은 생명 현상에서 아주 중요하므로 암세포가 생겨도 일차적으로 자살을 유도하는 장치가 작동되는 등 굉장히 정교한 조절 시스템을 가지고 있다. 그런데 인간이 생존에 꼭 필요한 유전자는 최소로 가지는 것이 건강을 유지하는 데 가장 좋은 방법일 것이다. 그리고 몸에 덜 중요한 부분을 담당하는 일은 다른 것에 역할을 넘겨버리는 것이다. 역할을 아웃소싱하는 것이다. 그 아웃소싱은 어디에 할까? 대장에 사는 장내 세균이 이 역할을 담당한다는 것을 밝혀냈다.

음식을 먹으면 필요한 열량은 인간이 취하고 영양이 없는 식이섬유는 대장으로 내려간다. 그러면 장내 세균이 이 식이섬유를 먹고 짧은사슬지방산SCFAs을 만들어서 우리 몸을 건강하게 만든다는 것이다. 프로바이오틱스의 발견이다.

이런 사실이 밝혀지자 또다시 식품 회사가 제일 먼저 나섰다.

프로바이오틱스가 유행하고 보조제 한 알만 먹으면 우리 몸의 장내 세균이 좋아지리라고 생각했다. 그런데 아니다. 식이섬유는 식품으로 공급해야 한다. 지금처럼 통곡물을 먹기 좋게 깎아 부드럽게 만들면 우리는 살만 찌게 되어 있다. 장내 세균이 먹을 식이섬유가 없기 때문이다.

식이섬유가 중요한 또 다른 이유는 환경호르몬 때문이다. 비누, 샴푸, 로션, 일회용 컵 등 현대 문명을 유지하는 모든 편리한 물질에 환경호르몬이 들어 있다. 그러므로 우리가 아무리 조심해도 현대 문명을 포기하지 않는 한 환경호르몬을 피할 수는 없다. 태평양 심해나 히말라야 골짜기도 오염은 피할 수가 없고 먹거리도 안전하지 않다. 플라스틱을 덜 쓰고 친환경 제품을 쓰면서 환경호르몬 섭취를 줄이는 것도 중요하지만 그것만으로는 안 된다.

몸속에 들어온 환경호르몬을 배출해야 한다. 우리 몸에 들어온 환경호르몬은 지방 조직에 붙어 있다가 혈관을 타고 온몸을 돌아다니면서 병을 일으킨다. 소화액인 담즙에 붙어 있는 환경호르몬은 작은창자 끝에서 우리 몸에 재흡수되어 지방에 저장되는 과정을 반복한다. 그런데 식이섬유를 먹으면 담즙은 재흡수되지만 환경호르몬은 식이섬유에 붙어서 대변으로 배출된다. 현대인이 통곡물을 꼭 먹어야 하는 또 다른 이유다. 내가 이 책을 쓴 핵심적인 이유이기도 하다.

프로바이오틱스는 보충제가 아니라
건강한 식습관으로 만들자

중년이 지나면 무슨 보충제를 먹는 것이 좋은지, 의사인 나는 어떤 영양 보충제를 먹는지 질문을 많이 받는다. 나는 아무런 보충제를 먹지 않는다. 요즘 사람들에게 가장 인기 있는 보충제는 프로바이오틱스다. 앞에서도 말했듯이 게놈 프로젝트가 밝혀낸 것은 인간이 생존하기 위한 핵심 유전자만 가지면 유전자의 노화로 인해 생기는 병을 막을 수 있고 그 외 일들은 아웃소싱하는 것이 건강에 유리하다는 것이었다. 이로써 장내 세균의 새로운 역할을 발견했고 장내 세균의 먹이로서 식이섬유의 중요성을 알게 된 것이다. 과거에는 장내 세균을 그냥 대장에서 배설물만 처리하는 세균으로 대수롭지 않게 생각했다.

1960년대에는 여름철만 되면 냉면 국물이나 얼음과자에 대장균이 나와서 불량식품을 단속했다. 대장균은 장내 세균의 한 종류이므로 대장균이 나오는 것을 대변의 오염된 척도로 보았기 때문이다. 그렇게 부정적인 의미로 알고 있던 장내 세균이 갑자기 주목받게 된 것이다. 장내 세균은 100조 마리나 있을 정도로 양이 어마어마하다. 연구가 진행되면서 우울증에 관여하는 세로토닌, 면역에 관여하는 물질 등 많은 것이 장내 세균의 역할로 알려지면서 요사이는 대장을 '제2의 뇌'라고까지 부르면서 중요하게 다루고 있다. 그러면서 장내 세균을 위한 식품 보조제가 쏟아져 나오기 시작했다.

잠시 개념을 정리해보면, 프로바이오틱스는 젖산균 같은 유익균을 말하고 프리바이오틱스는 유익균의 먹이가 되는 영양분을 말한다. 이 유익균과 균의 먹이를 한 번에 쉽게 먹을 수 있게 만든 상품이 신바이오틱스_{synbiotics}다. 신바이오틱스는 젖산균 음료에 프락토올리고당을 첨가한 것이다. 프로바이오틱스는 '생명을 위하여'란 말로 라틴어와 그리스어를 조합해서 건강식품 회사가 만든 신조어다. 사람들에게 팔기 위해 개발한 상품들은 참 기발하다는 생각이 든다. 유산균이 좋다고 알려진 후 야쿠르트 상품으로 판매하기 시작한 프로바이오틱스는 현재 엄청난 인기를 누리고 있다.

환자가 병에 걸리면 병에 걸린 원인이 도대체 무엇인지 궁금해한다. 자기는 나름대로 건강 원칙을 지키고 살았다고 생각하

장뇌축. 장과 뇌가 상호작용을 한다. 세로토닌의 95%가 장
내에서 만들어지고 5%만이 뇌에서 만들어진다.

는데 병에 걸리면 억울해한다. 하지만 염증이나 외상같이 원인
이 뚜렷한 것을 빼면 병의 원인은 복합적이므로 뚜렷한 원인을
알 수가 없다. 아예 원인 불명인 병들이 많이 있다. 그런데 이런
병들 중에서 장내 세균의 중요성을 알고 나서 원인이 밝혀진 경
우가 꽤 있다. 바로 류머티즘, 아토피, 루푸스 같은 자가면역질환
이다. 요즘에는 자가면역질환 환자들을 많이 보게 된다. 과거에
는 몰랐던 원인을 알게 된 것도 있고 실제로 자가면역질환이 늘
어난 것도 있다.

면역은 나와 남을 구분하는 것이다. 내 조직은 보호하고 나와
다른 물질이 들어오면 남으로 인식하고 공격해서 물리치는 것이
다. 면역은 인간이 외부 환경과 구분해서 살아가는 핵심적인 작

유산균

좋은 식생활로 건강한 장내 세균을 유지하는 것이 중요하다.

용이다. 그런데 자가면역은 면역이 자기 몸을 남으로 인식하고 공격하는 병이다. 대부분 발병 원인을 알지 못했다가 지금은 장내 세균이 역할을 제대로 못해서 면역 체계에 이상이 생긴다고 보고 있다. 그래서 치료가 어려운 자가면역질환의 치료에도 프로바이오틱스가 이용되고 있다.

자가면역질환이 생긴 경우 원인을 장내 세균의 문제로 보고 어쩔 수 없이 프로바이오틱스 치료를 하는 것은 문제가 없다. 그런데 확대 해석해서 병을 예방하고 건강을 증진하기 위해 프로바이오틱스를 보조제로 먹는 것은 논란이 있는 부분이다. 우선 아무리 좋은 균이라도 먹으면 위장의 강한 위산을 통과하면서 효과가 약해진다. 광고에서는 강한 위산도 이기는 제품을 만들었다고 하지만 증명되지 않았다.

그리고 실제 좋은 균이 장까지 도달한다고 해도 생활 습관이 나빠서 100조 마리나 되는 장내 세균이 전부 병들어 있는데 수억 마리의 좋은 균으로 건강이 좋아지지는 않는다. 나는 한강 물이 오염됐는데 맑은 물 한 병을 붓는다고 어떻게 되겠느냐는 비유를 한다. 물론 병에 걸린 것이 아니라 그저 몸이 건강하지 않은 상태에서 외부에서 투입하는 프로바이오틱스가 수적으로 비율은 낮을지라도 좋은 균을 자극해서 몸에 전체적으로 도움을 주는 경우가 있어서 무시할 수는 없다. 하지만 좋은 식생활로 건강한 장내 세균을 유지하는 것이 더 중요하다.

자가면역질환은 치료가 어려운 병이다. 증상이 심해지면 증상만 완화해주는 스테로이드 사용이 지금까지의 치료 방법이었다. 궁여지책이었다. 그런데 장내 세균으로 인한 자가면역질환으로 밝혀지자 요새는 건강한 사람의 대변을 모아서 환자에게 이식하는 치료법도 나타났다. 더럽다고 생각한 대변으로 난치병을 치료한다니 놀랍지 않은가? 대장 속의 망가진 장내 세균으로 인해서 병이 생겼고 원인을 알았으니까 그 대변을 건강한 다른 사람의 대변으로 바꾼다고 하니 발상의 전환이 놀랍다.

한편으로는 그렇다면 건강한 대변은 어디서 구할까? 그렇게

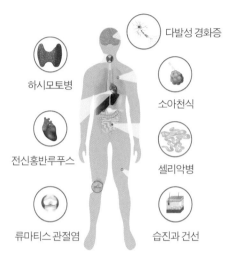

자가면역질환은 장내 세균 때문에 생긴다.

건강한 대변을 가진 사람이 현재 얼마나 있을까? 나는 거의 완벽하게 건강한 식사를 하고 있고 건강한 대변을 보고 있다고 자부하고 있다. 앞으로 내 대변이 팔릴 날도 오지 않을까? 나는 매일 맛있게 먹고 많은 양의 대변을 보는데 이것이 전부 돈이 된다면? 늦은 나이에 떼돈을 버는 것은 아닐까? 온갖 공상을 해본다. 그런데 병을 꼭 그렇게 치료해야 하는지 의문도 든다. 장내 세균을 살리는 식생활 습관으로 바꾸는 것이 더 근원적인 접근 방법이 아닐까?

21세기는 비만과의 전쟁이라고 한다. 비만에서 비롯된 고지혈, 고혈압, 당뇨 같은 질병으로 인한 사회적 손실이 엄청나다. 과거 미국에서 엄청난 비만 환자를 보고 우리와는 다른 현실이라고 여겼다. 그런데 2020년부터 우리나라도 비만을 수술로 치료하는 것을 보험으로 인정하고 있다. 체질량지수$_{BMI}$ 35 이상인 고도비만에 해당한다. 이 정도면 여러분이 보통 상상하는 살이 쪘다는 그런 수준을 넘어선다. 이런 환자가 우리 주위에 많이 생기고 있다는 이야기다. 비만 수술은 위장을 잘라서 줄이는 수술이다. 적게 먹도록 하기 위함이다. 효과는 상당히 좋다는 결과를 내놓고 있다.

의문이 든다. 식욕을 통제하지 못해서 고도비만이 됐다. 그런데 모든 수단을 동원해도 안 되니까 최후 수단으로 많이 먹지 못하게 위장을 묶거나 자른다고 문제가 해결될까? 식욕을 통제하지 못하는 뇌가 문제인데 위장을 줄여서 음식을 먹지 못하고 살이 빠졌다면 그 사람은 과연 살이 빠졌다고 행복해할까? 먹을 것을 못 먹는다고 우울증에 빠지지는 않을까?

장내 세균의 문제도 마찬가지다. 어렵고 둘러 가는 것 같아도 더 근본적인 접근을 했으면 좋겠다. 장내 세균은 100조 마리나 된다. 안 좋은 식생활 습관으로 장내 세균이 다 망가졌고 병이 생겼는데 이렇게 병든 많은 양의 장내 세균을 언제 다시 건강하게

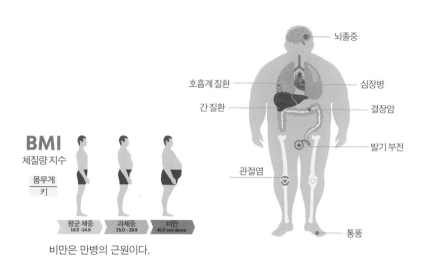

비만은 만병의 근원이다.

회복할 것인가 의문이 들 것이다. 장내 세균 중에는 좋은 균도 있고 나쁜 균도 있다. 수적으로 거의 비슷하다. 그리고 60~70% 되는 장내 세균은 좋지도 않고 나쁘지도 않은 균이다. 눈치를 보고 있다가 좋은 균이 힘을 발휘하면 그쪽으로 붙고 나쁜 균이 왕성해지면 그쪽으로 붙는다. 풍부한 식이섬유 등 좋은 먹이가 들어오고 일부 좋은 장내 세균이 활성화되면 눈치 보던 많은 균이 이들을 따른다. 반대로 먹이가 풍부하지 않으면 나쁜 균들이 두드러지면서 나머지 대다수 균이 이들을 따른다.

100조 마리나 되는 장내 세균을 전부 바꾸자는 이야기가 아니다. 건강할 때는 쉽다. 조금만 노력하면 전부 따라오게 되어 있다. 그런데 이미 대다수 균이 나쁜 쪽으로 가버리고 병이 생긴 상태에서는 약간의 노력을 한다고 해서 건강해지지 않는다. 그리고 말이 그렇지 남의 건강한 대변을 내 몸에 이식한다는 것이 어디 쉬운 일인가. 건강은 건강할 때 챙겨야 지키기 쉽다.

2

맛을 내는 재료들에 관한 오해와 진실을 짚는다

◆ ◆ ◆

식초에 과도한 의미 부여를 삼가자

사람들은 식초라는 말만 들어도 입에 침이 고인다. 신맛은 강력한 조미료로서 음식에 풍미를 더하는 데 단연 으뜸이다. 사람들이 식초를 발견한 것은 아주 오래전부터 경험을 통해서였다. 농경 생활을 시작하면서 인간이 가장 먼저 접한 것은 술이다. 나무에서 떨어진 열매가 발효하여 술이 됐을 것이고 이를 처음 맛본 인간은 황홀했을 것이다. 그런데 시간이 지나면서 술이 시큼한 맛으로 변하는 것을 또 경험했을 것이다.

식물은 광합성을 해서 산소와 물로 포도당을 만들고 수백 개의 포도당을 연결해서 만든 다당류인 녹말을 열매나 뿌리에 저

식초는 음식의 맛을 새콤하게 돋우는 조미료로 생각해야지
건강상으로 의미를 부여하는 것은 조심해야 한다.

장한다. 우리는 이 녹말을 음식으로 먹는다. 우리는 입에서 씹고
침을 섞어서 삼킨 녹말을 단당류인 포도당이 될 때까지 쪼개고
또 쪼갠다. 이 포도당은 세포에 들어가 세 가지 방향으로 에너지
를 만든다. 산소가 없으면 젖산을 만들고 산소가 있으면 TCA 회
로에 들어가서 많은 에너지를 만든다. 나머지는 알코올 발효를
한다.

  당분은 발효하면 일정 부분이 알코올(술)이 된다. 공기가 통하
지 않게 밀폐하면 알코올이 오래가지만 공기가 들어가서 초산
균이 산소를 만나면 식초가 된다. 식초의 독특한 향은 음식을 할
때 가장 강력한 맛을 낸다. 적당히 사용하면 음식 맛을 올리고
입맛을 돋운다.

식초의 제조 방법은 크게 두 가지이다. 하나는 발효이고 다른 하나는 화학적인 방법이다. 발효식초는 우선 술을 만드는 것이 첫걸음이다. 과일 중에서도 포도당 함량이 많은 사과나 포도를 이용해서 효모로 발효하면 술이 된다. 여기에 공기를 만나게 해서 초산 발효를 하면 식초가 된다. 사과 식초는 미국에서 많이 사용하고 포도 식초는 유럽에서 많이 사용하며 곡류를 이용한 식초는 동양에서 발달했다. 이렇게 다양한 식초는 우열이 있는 것이 아니라 각각 독특한 맛을 지닌다. 현미같이 곡물을 이용하는 경우는 다당류인 전분을 포도당으로 분해하는 효소를 넣어서 당화시키고 발효해서 알코올을 만들고 나서 식초를 만든다. 어떤 방법이든 자연적인 발효 과정을 거쳐서 식초를 만드는 데 몇 달의 시간과 노력이 걸린다. 개인이 발효식초를 만들 때는 대략 이런 과정을 거친다.

　하지만 공장에서 식초를 대량 생산하기 위해서는 경비 문제로 시간과 노력을 단축해야 한다. 그래서 처음부터 술을 이용한다. 술에 과당 같은 당과 산소를 넣고 초산균으로 발효한다. 다양한 방법으로 만든 술을 사용하는데 이것도 식초 발효를 했으므로 발효식초라고 할 수 있다. 다만 재료에 주정이라고 표기한다. 만들어진 술을 사용했다는 뜻이다.

석유에서도 초산을 추출한다. 100% 순수 초산은 16도 이하에서는 고체여서 얼음같이 하얗게 보인다고 빙초산이라고 한다. 석유에서 추출했지만 화학적으로는 초산, 즉 아세트산으로서 사과나 포도로 발효한 아세트산과 화학적으로 똑같은 물질이다. 석유에서 합성한 아세트산 5밀리리터에 물 95밀리리터를 타서 만든 것이 5%의 희석 식초다. 값이 싸서 치킨집과 피자집에서 무와 피클을 담근다. 중국집과 냉면집의 식초병에 든 식초도 희석 식초다.

식초를 정리해 보자.

1. 희석 식초는 화학적인 빙초산에 물을 타서 5% 초산을 만든 것이다.
2. 속성 발효식초는 미리 알코올 발효로 술을 만든 것에 초산균을 넣어서 시간을 단축한 것이다.
3. 자연 발효식초는 처음부터 사과나 포도 등 과일이나 현미 같은 곡물에서 천천히 자연 발효한 것이다.

의학적으로는 화학적으로 만든 식초나 자연적으로 발효한 식초나 똑같은 초산이다. 다른 불순물이나 중금속이 붙은 것도 아니기 때문에 건강에도 문제가 없다. 다만 천연이란 말에 끌리고 화학이란 말에 거부감이 생기면 직접 만들어 먹거나 돈을 조금 더 내고 사면 된다.

식초는 음식의 맛을 새콤하게 돋우는 조미료로 생각해야지 건강상으로 의미를 부여하는 것은 조심해야 한다. 식초를 대단한 건강 음료로 선전하는 경우가 있다. 심지어 식초가 건강에 좋다는 것을 밝혀서 노벨상을 세 번 받았다는 이야기는 잘못 알려진 것이다.

첫 번째 노벨상은 1945년 핀란드 의사가 식초가 음식의 소화를 도와서 에너지를 내는 것을 밝혀서 받았다고 한다. 그런데 핀란드 의사가 노벨의학상을 받은 적은 한 번도 없을뿐더러 1945년은 페니실린을 발견한 팀이 수상했다. 두 번째 노벨상은 1953년 식초가 우리 몸의 피로를 풀고 활력을 준다는 연구로 받았다고 주장한다. 사실은 포도당이 우리 몸에 들어가서 에너지를 어떻게 내는지 TCA 회로를 발견한 공로로 상을 받았다. 에너지를 내는 TCA 회로에는 많은 물질이 관여한다. 그중에 초산이 있기는 하다. 초산이 몸에 에너지를 내서 피로를 해소하거나 활력을 높이는 효과가 있을 수는 있지만 초산 하나 때문이라고 보기는 어렵다. 다시 말하지만 연구의 핵심은 포도당이 에너지를 내는 과정을 발견한 것이다. 1964년에 받았다는 세 번째 노벨상도 연구 과정에서 초산이란 용어가 들어가 있다는 사실만으로 잘못 이해한 것이다.

식초는 잘못 알려진 사실을 과장되게 얘기하지 않더라도 요리에서 아주 중요한 조미료이므로 충분히 대접받아야 한다. 맛있는 식초를 만들려면 아주 정밀한 관찰과 경험이 있어야 한다. 흔히 술을 그냥 두면 초가 된다고 이야기하는데 반은 맞고 반은 틀린 이야기다. 당이 있는 물질을 그냥 두면 술이 되고 거기서 산소를 만나면 식초가 되는 것은 맞지만 계속 그냥 두면 물이 된다.

알코올에서 대부분의 균은 잘 살지 못한다. 초산균은 이런 환경을 이용해서 자기 혼자서 에탄올을 독점한다. 사실 에탄올을 완벽히 연소하면 많은 에너지가 나온다. 초산균은 혼자 에탄올을 독점하기 위해서 적은 에너지가 나오는데도 초산을 만들어 혼자서 살아간다. 그런데 독점하던 에탄올이 전부 소비되면 그때는 자기가 만든 초산을 발효시켜 에너지를 만들어 먹고산다. 초산이 물이 된다는 뜻이다. 그러므로 식초를 포함한 발효는 아주 정밀한 작업이다. 그냥 무한히 묵혀둔다고 좋은 식초가 나오는 것이 아니다. 어느 시점에서 발효를 중지하느냐에 따라 식초의 맛이 달라진다. 발사믹을 비롯하여 다양한 식초의 가격이 천차만별인 이유다.

내가 맛본 식초 중에는 한 방울만 넣었는데도 전체적인 샐러드의 맛이 살아나고 풍부한 향을 주는 식초도 있었다. 그런 식초는 그 자체로 비싼 값에 팔리고 제대로 대접받으면 된다.

◆ ◆ ◆
전통 방식 간장이 더 좋은 건 아니다

한식에서 간장은 김치와 된장과 더불어 중요한 위치를 차지한다. 전통적으로 가정마다 특유의 맛을 내는 간장은 가문을 얘기할 때 자랑할 소재였다. 제대로 된 간장만 있으면 밥 한 공기에 장 하나를 반찬 삼아 먹기도 했다. 오늘날에는 가정에서 만드는 간장은 드물고 구매해서 먹고 있지만 간장의 기본적인 개념은 알아두는 것이 좋겠다.

옛날 간장을 만드는 과정을 생각해보자. 먼저 정월에 콩을 삶아서 메주를 만든다. 메주를 바깥에 걸어두고 곰팡이가 생기면 발효시킨다. 발효된 메주를 잘 씻어서 장독에 맑은 물과 소금을 넣어서 햇볕이 잘 드는 곳에 둔다. 몇 달 후 건더기는 된장을 만들고 물은 간장을 만든다.

간장은 음식을 짜게 먹기 위해서 만든 조미료다. 짜게 먹으려

콩은 곡류 중에서 단백질이 가장 많다. 그래서 콩으로 메주를 쑨다.

면 소금만 넣어도 되지만 짠맛과 함께 향을 내기 위해서 간장을 만들었다. 다시 말하면 간장은 아미노산이 포함된 소금물을 말한다.

수백 개의 아미노산이 모여 있는 것이 단백질이다. 닭고기나 소고기 같은 덩어리다. 단백질 자체는 맛이 없다. 고깃덩어리를 끓는 물에 삶으면 아미노산으로 분해된다. 그래서 고깃국물 맛이 난다. 오래 삶을수록 아미노산은 더 잘게 부수어지므로 푹 삶으면 깊은 맛이 난다.

콩은 곡류 중에서 단백질이 가장 많다. 그래서 콩으로 메주를 쑨다. 메주를 발효시키는 곰팡이는 일본의 경우 옛날부터 누룩곰팡이의 일종인 황록균으로 통일해서 제품의 균질화를 이루었다. 우리나라는 만드는 장소와 사람에 따라 다른 혼합 균을 사용한다. 곰팡이는 콩의 단백질을 아미노산으로 분해하는 역할을 한다. 이런 과정은 몇 달이 걸리고 장독을 두는 공간도 넓어야 한다.

이렇게 정성스럽게 만든 간장을 예전에는 조선간장이라고 했다. 요즘은 한식간장이라고 한다. 대개 만든 지 1년 정도 된 간장은 햇간장이라고 한다. 아직 짠맛이 강하지만 색이 옅어서 국을 끓일 때 쓴다고 국간장이라고도 한다. 2~3년 더 발효하면 아미노산이 더 잘게 쪼개져 맛도 풍부해지고 색도 진해진다. 씨간장이라는 것은 이런 종류의 시간과 정성이 들어간 것이다.

일본은 된장과 간장에 쓰는 곰팡이를 황록균으로 통일했다. 그에 따라 맛이 장소나 사람에 따라 천차만별로 다른 것이 아니라 균일해져서 누구나 쉽게 간장을 만들 수 있게 됐다. 콩만 발효시키면 시간이 걸리지만 탄수화물이나 보릿가루를 섞으면 발효 시간이 반으로 줄어들고 탄수화물의 단맛이 새롭게 첨가된다. 우리가 맛보는 달짝지근한 일본간장의 원리다. 과거에는 왜간장이라고 했는데 요즘은 양조간장이라고 한다.

그런데 한식간장이나 양조간장을 만들려면 장독을 둘 공간을 많이 차지하고 기간도 최소 3개월에서 1년 정도 걸린다. 공장에

한식간장이나 양조간장을 만들려면 장독을 둘 공간을 많이
차지하고 기간도 최소 3개월에서 1년 정도 걸린다.

서 제품을 만들기에는 쉽지 않다. 그래서 나온 것이 산분해 간장
이다. 콩단백을 분해하는 데 공간과 시간이 많이 필요하므로 콩
단백을 빨리 분해하기 위해 염산$_{HCl}$을 넣은 것이다. 염산이라고
하면 공업용으로 사용되는 독성 물질로 생각하는데 낮은 농도의
염산은 문제가 없다. 사람이 고깃덩어리를 먹으면 위장에서 산
도 2 정도 되는 강한 염산으로 단백질을 분해하는 것에서 힌트
를 얻었다.

산분해 간장을 만들 때 콩에서 필요한 것은 단백질이다. 산분
해 간장에서 탈지 대두를 사용한다고 하면 콩에서 지방을 제거
한 찌꺼기를 사용한 것으로 알고 있다. 콩을 효율적으로 사용하
기 위해서 지방 성분은 빼서 다른 곳에 사용하고 단백질만 추출

해서 간장을 만드는 것이다. 탈지 대두에 염산을 넣고 열을 가하면 단백질이 아미노산이 된다. 그런데 염산HCl은 못 먹으므로 양잿물이라고도 하는 수산화나트륨NaOH을 넣어서 화학 처리를 하면 소금과 물이 나온다.

HCl + NaOH → NaCl + H2O

이것이 산분해 공법이다. 이런 과정은 3일 정도 걸린다. 만들기 쉽고 빠르며 비용도 적게 든다. 그러나 단순히 화학적으로 분해만 된 상태라 맛이 밋밋하다. 그래서 향을 내기 위해 조미료와 과당 같은 당류를 넣는다. 이런 간장을 혼합간장이라고 한다.

산분해 간장에 사용하는 염산은 화학물질이라 건강에 위험하다고 생각하지만 그렇지는 않다. 다만 산분해 과정에서 조금 남은 지방 중에서 글리세롤이라는 유지 성분이 염산과 반응해서 3-모노클로로프로판디올3-MCPD이라는 물질이 나온다. 이것이 발암물질로 알려져서 논란을 일으켰다.

모든 물질이 화학 반응을 하면 원하는 물질 이외에 부작용을 일으키는 물질이 나온다. 식품에서 이런 원하지 않는 물질이 나오면 논란이 생긴다. 각 나라에서는 끊임없이 연구하고 실험해서 유해성에 대한 자료를 내놓는다. 허용하는 기준도 각 나라의 현실적인 사정 등에 따라 아주 다르다. 미국은 간장을 별로 사용하지 않으니까 규제가 없다. 일본은 전부 양조간장과 혼합간장이므로 또한 규제가 없다. 유럽이 그나마 규제가 심하다.

우리나라 식약청은 세계에서도 인정할 만큼 모든 면에서 규제가 엄하다. 한 번씩 화학간장 파동을 거치면서 3-모노클로로프로판디올에 대한 규제가 아주 까다로워졌다. 원래 1킬로그램당 0.3밀리그램 수준이던 허용량을 2020년에는 까다로운 유럽과 비슷하게 1킬로그램당 0.02밀리그램으로 대폭 낮추었다. 그러니 안심할 수준이다.

정리하면 간장은 세 가지 종류가 있다.

1. 한식간장은 전통 방식대로 콩으로 만든다. 시간이 오래 걸리고 공정이 복잡하므로 비용이 조금 비싸다. 국이나 양념장을 하는 데 사용한다.
2. 양조간장은 발효 시간을 줄이기 위해 발효 시간이 짧은 밀이나 보릿가루를 콩에 섞어 맛이 조금은 달다. 반찬을 만드는 데 사용한다.
3. 혼합간장은 시간과 비용을 단축하기 위해 콩을 염산으로

산분해하고 맛을 더하기 위해 발효해 만든 간장을 섞은 것
이다. 혼합 비율을 표기해야 한다.

　선택은 개인 선호도와 용도에 따라 하면 되는데 각 간장 제조
법의 장단점과 가격을 따져서 선택할 수도 있다. 예를 들어 단백
질 덩어리인 콩을 아미노산으로 분해하는 방식을 비교해보자. 전
통 방식으로 단백질을 분해하면 시간도 오래 걸리고 30% 정도
만 아미노산으로 분해된다(물론 더 오래 숙성시키면 분해되는 양은 늘
어난다). 양조간장은 시간이 조금은 덜 걸리고 70%가 아미노산
으로 분해된다. 산분해 간장은 3일 정도 걸리고 아미노산이 90%
정도로 분해되니까 효율성이 높다.

　간장을 생산하는 회사 입장에서 생각해 보자. 같은 콩으로 시
간도 단축된다. 콩 단백질의 90%가 간장이 되고 탈지 대두로 간
장을 만들고 남은 지방은 필요한 다른 식품을 만드는 데 사용된
다. 부산물로 생기는 유해 물질은 허용량만 맞추면 된다. 그럼
회사는 어떤 방식을 사용할까?

　소비자 입장에서도 생각해 보자. 과학적으로 허용량 이하라도
유해 물질은 유해 물질이다. 심정적으로 생각하기에 한식간장이
나 양조간장이 더 믿음이 간다면 그만한 노력이 들어간 것에 가

치를 두고 돈을 더 지불하면 된다.

음식이나 조미료를 고를 때 기준은 아주 간단하다. 자기가 원하는 맛을 내는지, 먹어서 부작용은 없는지, 만드는 과정에서 노력과 시간이 들어갔는지를 따져보고 합당한 돈을 지불하면 된다. 터무니없이 비싼 것도 문제지만 무조건 싼 것만 찾는 것도 문제다.

◆ ◆ ◆

모든 종류의 소금은 나름대로 다 괜찮다

사람이 사는 데 소금은 필수다. 옛날에는 소금이 부의 기준이었고 소금 때문에 전쟁이 일어나기도 했다. 직장인이 받는 월급을 영어로 salary(샐러리)라고 한다. 이 단어가 소금을 뜻하는 salt(솔트)에서 유래했을 정도로 소금은 사람에게 귀중하다.

식물은 소금이 필요 없다. 광합성을 하는 데 물과 이산화탄소만 필요하다. 소금이 있으면 죽는다. 사람은 핏속에 소금이 꼭 필요하다. 사람이 음식을 섭취하면 유해물이 생기는데 콩팥이 노폐물을 걸러 내어 소변으로 내보내는 작용을 한다. 노폐물을 걸러 내기 위해 삼투압을 이용한다. 이 삼투압의 핵심이 나트륨, 즉 소금이다. 중환자가 생기면 매시간 소변량을 점검하고 중요한 이온을 빼고 보충하는 것이 의사의 가장 중요한 임무다. 이처럼 소금은 중요하지만 과하면 좋지 않다. 소금이 과하면 좋지 않다는 것은 워낙 잘 알려진 사실이라 긴 이야기는 생략한다. 과하면 좋지 않다는 것은 소금만의 문제가 아니다. 모든 것은 적당해야 한다. 과하거나 부족하면 안 된다.

우리나라 국민 1인당 소금 소비율은 세계 최고 수준이다. 유럽을 여행하면서 특히 이탈리아나 프랑스에서 파스타를 먹을 때 우리나라 사람들은 짜서 못 먹겠다고 한다. 사실 짜다. 그런데 그 나라들은 1인당 소금 소비율이 하루에 8~9그램이고 우리나라는 12그램이다. 세계에서 소금을 많이 먹는 두 나라가 있는데 우리나라와 일본이다. 일본의 소금 소비율은 11그램이다. 똑같이 절인 음식들이 많지만 일본은 우리보다 적은 양을 먹는다. 일본인은 작은 장아찌 하나를 두고 한 끼를 먹지만 우리는 한 끼에 먹는 김치와 짠지 종류가 많다. 국물도 더 많이 먹는다.

소금은 우리 몸뿐만이 아니라 음식 맛을 제대로 내는 데도 꼭 필요하다. 소금으로 제대로 맛을 낸 음식은 양을 적게 먹으면 된다. 찌개나 국을 뚝배기에 한 그릇 가득 먹지 않으면 된다.

옛날부터 음식 간을 맞추는 것이 요리의 기본이라고 했다. 파스타를 예로 들면 이탈리아 요리에서 권유하는 소금 양은 3%다.

우리가 먹으면 아주 짜다. 나는 보통 1.2~1.5% 정도 사용한다. 일반적으로 먹는 것보다 조금은 짤 수가 있는데 다른 음식에서 소금을 적게 먹더라도 파스타에는 소금을 적정량 사용해야 맛이 제대로 난다.

소금의 종류는 다양하다. 바닷물을 증류해 얻는 천일염이 있고 과거 바다였던 지역이 육지가 되면서 생긴 암염도 있다. 유럽이나 미국 등 대부분의 나라는 암염을 주로 먹는다. 우리나라는 개펄에서 얻는 천일염을 소중한 것으로 생각한다. 프랑스의 게랑드 소금은 명품 천일염으로 비싼 값에 팔리고 있다. 하지만 소금은 단지 짜게 먹기 위해서 염화나트륨$_{NaCl}$을 먹는다는 데 중점을 두자. 미네랄이 많거나 좋은 성분이 들어 있다는 것을 지나치게 따지지 말자. 염화나트륨을 섭취하는 것만 생각하자.

그럼 어떤 소금을 먹어야 할까? 모든 종류의 소금은 나름대로 이유가 있고 괜찮다. 하지만 현재 지구의 어느 곳도 안전하지 않다. 태평양 심해도 지리산 골짜기도 오염돼 있다. 지구는 순환하기 때문에 심하게 오염된 것이 바람이나 해류를 타고 다른 곳으로 이동한다. 그래서 소금을 고르는 데도 조금은 머리가 복잡해진다.

왼쪽부터 천일염, 암염, 죽염이다.

① 천일염

이론적으로만 따지면 소금에 다양한 미네랄이 들어 있으면 좋은 소금이다. 그런데 현재 지구의 모든 곳이 오염됐다면 천일염도 비켜 가지 못한다. 그래서 천일염에 들어 있는 미네랄 자체에 큰 의미를 두지 않았으면 좋겠다. 우리 몸에 필요한 미네랄은 많은 양이 필요하지 않다. 천일염만 먹어서 해결할 것이 아니라 다른 음식을 골고루 먹어 해결하는 것이 좋겠다. 우리나라는 서해안 천일염이 미네랄이 풍부하다는 장점을 내세운다. 오염된 서해안이 중금속으로부터 안전한지, 한 번씩 불거지는 제조 과정에서 청결함에 문제가 없는지 등 관련 연구 자료가 부족하다. 세계적으로 유명한 게랑드 천일염은 그런 자료를 오랜 기간 구축해서 마케팅에 성공했고 비싼 값에 팔린다.

② 암염

세계에서 가장 많이 먹는 소금이다. 과거 바다였던 장소가 육지로 변하면서 굳은 것이 암염이다. 미네랄은 거의 없고 순수 염화나트륨이 응축된 것이다. 채취 과정만 안전하다면 괜찮다. 가장 유명한 것이 히말라야 암염이다. 분홍빛과 히말라야라는 이름 때문에 무언가 신비롭다. 하지만 분홍빛은 돌 속에 같이 섞여 있는 철분이 화학 변화를 해서 띠는 것이다. 청정한 히말라야 깊은 산속에서 나오는 것이 아니라 히말라야 산맥 끝자락에 있는 파키스탄의 한 지역에서 채취한다는 것만 알아두자. 마케팅에 성공했으나 너무 비싸다. 효과도 일반 소금과 다르지 않다.

③ 죽염

나름 괜찮다. 고온에서 나쁜 성분이 없어지는 것은 사실이지만 아홉 번을 구워서 중금속이 없어진다는 것은 사실이 아니다. 화학의 기본 단위인 원소는 열을 가한다고 없어지지 않는다. 최소 단위인 원소가 쪼개지면서 에너지를 내는 것으로는 원자폭탄밖에 없다. 건강에 신비한 효능을 나타내고 여러 가지 병을 낫게 한다고 주장하나 실험 데이터가 부족하다. 값이 너무 비싼 단점이 있는데 만드는 과정을 생각하면 그럴 수도 있다고 생각한다. 하지만 엄청난 약효를 가지는 것으로 가격이 매겨진다면 동의하기 어렵다. 다만 일반 소금에 그런 정성을 가하고 독특한 맛을 내는 것에 의미를 부여한다면 나쁘지는 않다.

④ 정제염

천일염이 원래 바닷물이나 제조 과정에서 깨끗하지 못하다는 전제에서 만든 소금이다(과거에는 천일염 제조 과정에서 낡은 장판 바닥에 소금물을 가두어 많은 불순물이 들어갔다). 바닷물을 전기분해해 화학적으로 깨끗하게 소듐 성분만 분리한 것이다. 순수한 소금 성분만 있다. 원래 재료가 되는 바닷물이 더 깨끗하면 좋지 않을까 생각해서 해양심층수 등을 사용해서 정제했다는 제품도 있다. 하지만 순전히 화학적으로만 생각하면 어떤 바닷물이든지 소듐만 뽑아낸 것이기 때문에 차이가 없다. 그래도 가격이 비슷하다면 더러운 물보다 깨끗한 물에서 만든 것을 선택하면 된다.

⑤ 꽃소금

정제한 소금에 맛을 내는 성분을 넣어 요리하기에 편리하게 만든 것이다.

결론적으로 나는 천일염, 정제염, 죽염, 암염을 가리지 않는다. 소금의 의학적인 효과는 믿지 않고 음식 맛을 제대로 내기 위해

소금을 충분히 넣는다. 다만 소금에 절이는 음식은 거의 먹지 않으므로 소금 소비량이 많지 않다. 단지 짠맛만 원해서 사용하기 때문에 믿을 만한 회사의 소금이라면 아무거나 쓰고 있다.

◆ ◆ ◆
설탕을 필요 이상으로 먹는 건 좋지 않다

맛을 내는 데 단맛은 독보적이다. 가장 대표적인 조미료는 설탕이다. 설탕은 포도당+과당으로 이루어진 이당류다. 이당류는 포도당이 두 개란 뜻이다. 설탕을 뽑아내는 사탕무와 사탕수수에는 다른 풀보다 많은 당이 들어 있다. 설탕을 만드는 과정은 이렇다. 사탕수수를 잘 세척하고 부수고 눌러서 당 성분인 액즙을 낸다. 액즙의 불순물을 걸러낸 다음 농축하여 결정을 만든다. 이 결정을 원당이라고 한다. 원당을 다시 녹여서 미생물을 이용한 발효 과정 등을 거치면 효율적으로 단맛만 내는 설탕을 얻는다.

설탕을 현대인의 생활습관병에서 가장 해로운 것으로 알려져 있지만 사실 설탕 그 자체는 훌륭한 에너지원이지 나쁜 것은 아니다. 1960년대에 설탕은 아주 귀해서 명절 선물로 가장 인기 있었다. 선생님의 가정 방문 때 설탕물 한 그릇 주는 것이 후한 대접이었다. 열량이 중요한 시절이라 기름 덩어리나 설탕이 귀

사탕수수. 사탕수수를 잘 세척하고 부수고 눌러서 당 성분인 액즙을 낸다. 액즙의 불순물을 걸러낸 다음 농축하여 결정을 만든다. 이 결정을 원당이라고 한다. 원당을 다시 녹여서 미생물을 이용한 발효 과정 등을 거치면 효율적으로 단맛만 내는 설탕을 얻는다.

하게 대접받았다. 값도 비쌌기 때문에 대용품인 사카린이 유행하기도 했다. 1970년대 들어서서 음식 가공 기술이 발달하고 생활습관병이 급격하게 늘어나자 설탕에 대한 시각도 바뀌기 시작했다.

원래 사탕수수를 통째로 먹을 때 나는 맛은 단맛이 좀 덜하다. 사탕수수는 섬유소도 있고 미네랄도 있다. 하지만 시장에서 파는 설탕은 단맛을 내는 단당류인 자당sucrose만 남긴 것이다. 오직 강한 단맛을 싼값에 얻을 수 있다. 당분만 있으므로 흡수가 빠르다. 그래서 설탕이 몸에 좋지 않다는 연구가 나오기 시작했다. 단위당 열량이 높고 맛이 강하기 때문에 맛에 중독되고 다른 미각을 마비시킨다. 과거 설탕은 비쌌지만 요즘은 싸다. 사탕수수 원당을 발효하는 기술이 발달해서 원가가 아주 싸졌기 때문이다. 게다가 설탕을 대용하는 제품이 많아져서 가격은 더 낮아지고 단맛은 더욱 강화됐다. 식품 산업이 발달하면서 그렇게 된 것이다. 여러 가지 설탕 대용 제품을 알아보자.

① 액상과당 또는 고과당 옥수수 시럽_{HFCS}

포도당 중에서 과일에 많은 단당류를 과당_{fructose}이라고 한다. 액상과당은 옥수수 전분으로 만든 인공감미료다. 설탕보다 저렴하고 단맛이 강하다. 설탕이 건강에 좋지 않다고 알려져서 설탕이 들어 있는 것을 피하는 경향이 많으므로 요사이 제품에 무설탕이라고 표시된 것들이 많다. 이런 제품들은 액상과당을 사용하는 경우가 많다. 설탕은 이당류라 흡수에 시간이 걸리지만 액상과당은 단당류라서 혈관에 더 빨리 흡수돼 혈당도 빨리 올라간다. 에너지로 쓰이고 남는 것은 바로 간에서 중성지방으로 축적되는 문제점이 있다.

② 올리고당

올리고당_{oligosaccharide}은 라틴어로 소수 또는 소량을 뜻하는 접두어 올리고oligo와 단맛을 뜻하는 사카라이드saccharide가 결합된 단어로 단당류를 말한다. 올리고당은 녹말같이 수많은 단당류가 결합한 다당류가 아니고 3~10개 정도 되는 적은 수의 단당류가 결합한 것이다. 옛날부터 탄수화물(당)은 주요 에너지원으로만 생각돼왔다. 그런데 분자생물학이 발달하면서 세포벽에 다수의 단당류가 결합한 털 모양의 당 사슬glycan이 발견됐다.

이 당 사슬이 단백질 합성에도 관여하면서 면역이나 대사 장애에 중요한 역할을 한다는 것이 밝혀졌다. 세포벽에 있는 당인 올리고당이 중요한 것은 알았다. 하지만 식물에는 거의 존재하지 않아서 자연적으로는 섭취할 수가 없었다. 그래서 인공적으로 만든 것이 올리고당이다. 즉 대체 감미료다. 설탕을 포함한 탄수화물은 포도당으로 분해되어 소장에서 흡수된다.

하지만 올리고당은 소장에서 흡수되지 않고 대장에서 몸에 좋은 비피더스균bifidobacterial의 먹이가 되고 배설된다. 단맛은 있지만 몸에 흡수되는 열량이 적으므로 다이어트에 좋고 소화효소에 분해되지 않고 대장으로 내려가서 유익균의 먹이가 되어 유익균을 활성화한다는 연구 결과가 발표됐다. 그러면서 올리고당은 프로바이오틱스로 주목받게 된다. 제품화된 것으로는 프락토 올리고당, 이소말토 올리고당, 갈락토 올리고당이 있다.

이론은 그렇지만 올리고당을 제품으로 만들면서 값싼 재료를 사용하고 과당 등을 첨가하기 때문에 결과물이 꼭 건강하지는 않다. 그리고 당도가 약하더라도 많이 사용하면 절대적인 당분량은 똑같을 수가 있다. 더구나 위산이나 70도 이상의 열을 가하면 효과가 없어지는 것으로 알려져 있다.

③ 조청과 물엿

조청_{造淸}은 만들 조造와 자연 꿀을 일컫는 청淸이 결합한 단어로 '만든 꿀'이란 뜻이다. 과거 단맛을 낼 때 꿀이나 설탕을 이용하려면 비용이 많이 들었다. 그래서 쌀, 수수, 옥수수 전분을 쪄서 당분을 빼내고 불에 졸여서 만든 것이 조청이다. 원론적으로는 자연적인 당으로서 가장 바람직한데 만드는 데 수고가 많이 들고 색이 진하다. 요리에 사용하면 색이 칙칙하고 단맛이 약해서 일상적으로는 잘 사용하지 않는다.

이런 단점을 보완하기 위해서 만든 것이 물엿_{starch syrup}이다. 정제 과정을 거쳐서 값이 싸고 단맛을 보강했다. 음식에서 대개 정제란 표현이 들어가면 복잡한 제조 과정을 줄이고 기능을 보강했다는 말이다. 즉 제품화하기 위한 공정이다.

꿀은 벌이 작은 면적의 집에 효율적으로 저장할 수 있고 에너지로 바로 이용하기 간편하게 만든 것이다. 꿀에는 단백질, 비타민, 미네랄, 화분, 효소, 젖산 등 다양한 성분이 들어 있다.

④ 꿀

벌이 꽃에서 이당류인 자당sucrose을 가지고 벌집으로 돌아와 소화한 다음 단당류인 포도당+과당으로 토해서 보관한 것이 꿀이다. 그렇다면 벌은 그냥 꽃에서 꿀을 빨아 먹고 살면 되는데 왜 집으로 돌아와서 단당류로 잘라서 보관할까? 단당류는 물에 녹는 용해도가 높아지면서 걸쭉하게 저장할 수 있어 면적당 효율과 감미도가 높고 소화 흡수가 빠르다. 쉽게 말해 꿀은 벌이 작은 면적의 집에 효율적으로 저장할 수 있고 에너지로 바로 이용하기 간편하게 만든 것이다. 꿀에는 단백질, 비타민, 미네랄, 화분, 효소, 젖산 등 다양한 성분이 들어 있다.

그러면 꿀은 사람 몸에 좋을까? 막연히 생각하면 벌이 온갖 꽃을 날아다니면서 모은 다양한 성분과 화분을 포함한 것이므로 건강에 좋을 것 같지만 그렇지 않다. 꿀은 그냥 당이다. 다양한 향이 있어 풍미가 좋은 것은 이점이다. 하지만 몸에 좋다는 풍부한 미네랄 등은 꿀벌에게는 그럴 수도 있겠으나 사람에게는 별 도움이 될 정도의 양은 아니다.

사양飼養 꿀: 사양飼養의 한자는 먹일 사飼, 기를 양養이다. 설탕물을 먹인 가짜 벌꿀이다. 경제적인 이유로 양봉하는 경우 벌이 가져온 꿀을 벌이 조금이라도 먹으면 손해다. 그래서 벌통 근방에 설탕을 둔다. 더구나 가을에 꽃이 없어질 무렵 벌통에 모아둔 꿀을 채취하고 겨울 동안 벌이 먹을 먹이로 설탕을 넣어준다. 경제적으로는 당연한 논리다. 벌은 하루 1만 송이의 꽃을 찾아가서 꿀을 물어 나르고 두 달 정도 되는 일생에 평생 숟가락 반 정도의 꿀을 모으고 죽는다. 벌이라고 좋아서 하는 일이 아니고 힘든 일이다.

그런데 벌통 옆에 먹이인 설탕이 있으면 멀리 꽃을 찾아다니는 수고를 하지 않는다. 또 벌통 속의 꿀을 먹이로 사용하지 않고 설탕을 사용하니까 당연히 훨씬 많은 양의 꿀을 생산한다. 이런 꿀은 사실 설탕 사양꿀이라고 표기해야 한다. 그런데 그냥 사양꿀이라고 표기한다. 천연꿀은 100% 꽃에서 물어 오는 꿀이다. 정부에서는 천연꿀과 사양꿀을 엄격히 구분하도록 유도하지만 소비자가 구분하기는 쉽지 않다. 벌이 꿀을 얻는 식물과 사탕수수 같은 식물의 탄소량이 달라서 탄소동위원소 비율로 사양꿀을 구분할 수 있지만 조금은 전문적이고 쉽지 않다.

사실 과학적으로 보면 설탕이나 천연꿀이나 사양꿀이나 같은 당이다. 천연꿀은 벌이 당을 먹고 소화액을 섞어서 쉽게 소화되도록 만든 것이고 사양꿀은 그런 과정 없이 그냥 뱉은 것이다. 그런데 의미상으로만 그렇다는 것이지 영양상으로 유익한 차이는 거의 없다. 향미나 미세한 성분의 차이가 있을 수 있지만 무시할 정도다. 더구나 꿀에 있는 미네랄 등은 열에 약하다. 40도 이상 되는 물에 타 먹는다든지 요리에 넣으면 파괴된다. 감기에 걸리면 따뜻한 꿀물 한 잔 먹고 푹 쉬니까 몸이 개운해지고 좋아지는 느낌이 드는 것일 뿐 영양상으로 도움을 받는 것은 아니다.

양봉꿀과 토종꿀: 벌꿀에는 양봉꿀과 토종꿀이 있다. 이 둘은 벌의 종류가 다르다. 토종벌은 몸집과 움직이는 반경이 작아서 꿀을 모으는 능력이 많이 떨어지고 늦가을에 한 번만 벌통에서 꿀을 추출한다. 하지만 서양 벌인 일명 양봉벌은 부지런해서 열

심히 설탕을 물어다 벌집을 채우고 꽃의 종류에 따라서 장소를 옮겨 다닌다. 그래서 양봉꿀은 아카시아꿀, 밤꿀, 유채꿀 등 종류가 다양하다. 토종벌은 자연적인 경쟁에서 밀리는 종이다. 그리고 생산량이 적다 보니 가격이 비싸다. 양봉꿀과 토종꿀이 과학적인 사실로 얘기하면 특별한 성분 차이는 없다고 보면 된다. 그래서 토종꿀을 어떻게 볼 것인가가 딜레마다.

그렇다고 꿀의 순기능과 토종꿀의 소중함을 부정하는 것은 아니다. 예를 들면 모든 버섯이 몸에 좋은 성분을 가지고 있지만 값은 천차만별이다. 송이버섯이 일반 버섯보다 효과가 엄청 좋아서 그렇게 비싼 것은 아니다. 풍미가 뛰어나고 귀하기 때문이다. 기호에 따라 그런 대접을 받고 소비되는 것은 좋은 일이다. 꿀도 마찬가지다. 토종꿀이 귀한 대접을 받고, 천연꿀이 합당한 대접을 받고, 사양꿀이 대중적으로 값싸게 팔리는 것은 개인이 선택할 문제다.

벌꿀의 문제는 꿀보다는 오히려 벌의 역할에 초점을 맞추어야 한다. 채소나 과일의 3분의 1이 벌에 의해서 수정된다. 그런데 2007년 미국에서 많은 벌이 실종됐고 2018년에는 일본에서 많은 벌이 실종됐고 2022년에는 한국에서 봄에 78억 마리의 벌이 실종됐다. 기후 위기를 직감케 하는 경고로 생각되어 걱정이다.

그리고 생존하는 데 경쟁력이 약한 토종벌이 사라지는 것은 꿀의 문제가 아니라 이 땅의 생태계에 영향을 주는 문제로 인식하는 것이 더 중요하다.

⑤ 마스코바도

우리가 먹는 설탕은 자당 이외에 식이섬유를 포함한 불순물을 모두 제거해서 당도를 순수하게 올린 제품이다. 즉 공업적으로 정제된 것이다. 단맛만 내는 용도에 초점을 맞추었기 때문에 설탕이 건강에 좋지 않다고 얘기하는 것이다. 그에 반해 마스코바도muscovad는 옛날 방식으로 사람이 직접 사탕수수에서 설탕을 뽑아내기에 다른 여러 가지 미네랄이 살아 있다는 장점이 있다. 우리나라 현행법상 정제되지 않은 비정제당은 설탕이란 용어를 사용하지 못하므로 마스코바도란 용어를 사용한다. 미네랄이 들어 있는 설탕이지만 설탕이란 용어를 사용하지 못할 뿐이다. 마스코바도란 말은 힘든 근육이란 말에서 유래했다는 설이 있을 정도로 노동이 들어간다. 필리핀에서 값싼 노동력을 이용한다고 해서 공정 무역 논란이 있다. 하지만 건강상으로 얘기하면 마스코바도 역시 단순당이다. 설탕이다. 미네랄은 소량일뿐더러 중요성이 있지는 않다.

⑥ 조미료

그 이외에도 요리당 등 요리에 단맛을 넣기 위한 조미료가 많이 있다. 단맛을 내는 당인 값싼 옥수수 전분을 효소 분해해서 표백 등 정제 과정을 거치면 맛을 강하게 하거나 순하게 할 수 있다. 색을 연하게 하거나 진하게 조정할 수도 있다. 이런 다양한 제품이 여러 이름으로 출시되며 몸에 이로운 물질로 바뀌었다고 광고하지만 결국 정제당이다. 몸에는 좋지 않다.

우리 몸이 일차적인 에너지로 이용하는 당은 아주 중요하다. 하지만 필요 이상으로 많이 섭취하는 것은 좋지 않다. 더구나 식이섬유 없이 정제해서 단순당만 있는 경우는 혈당을 올리고 남는 에너지는 몸에 저장된다. 어떤 감미료든지 좋은 것은 없다. 최소한의 양을 사용하자. 무엇보다 단맛에 대한 입맛을 순하게 바꾸고 식품 고유의 단맛으로 요리하는 것이 건강에 좋다.

◆ ◆ ◆

MSG는 건강 문제를 일으키는 성분이 아니다

조미료의 일종인 MSG에 대한 사람들의 관심은 대단하다. MSG를 먹으면 건강에 문제를 일으키므로 음식에 넣으면 안 되는 조미료로 생각한다. 식당에서조차 우리 식당은 MSG를 사용하지 않는다고 선전한다. 사람들은 먹는 음식에 MSG만 넣지 않으면 건강한 음식이라고 생각하고 MSG 대용으로 다른 첨가물을 넣는지는 관심이 없다.

MSG가 무엇인지 정확하게 알아보자. MSG의 핵심 성분인 글루탐산glutamic acid은 특별한 물질이 아니라 우리 몸에 필요한 8개의 필수 아미노산 중 가장 핵심적이고 많은 아미노산이다. 필수 아미노산은 단백질의 가장 작은 단위인 아미노산 중에서 우리 몸에 꼭 필요한 아미노산을 말한다. 그런데 우리 몸이 직접 만들 수 없어서 음식으로 섭취해야 한다. 글루탐산은 자연에서 다시마 등 해물에 많이 들어 있다.

MSG가 발견된 과정은 흥미롭다. 맛에는 단맛, 짠맛, 쓴맛, 신맛이 있다. 그런데 해산물을 물에 삶으면 이런 맛과는 다른 특유의 맛이 난다. 많은 화학자가 여기에 관심을 가지고 수차례 연구한 끝에 단백질 덩어리를 물에 끓이면 아미노산으로 나뉘면서 나는 맛이 핵심이 글루탐산인 것을 알아냈다. 그런데 가장 기본적인 구조의 아미노산인 글루탐산에 무언가 염 형태를 결합해야 더욱 안정적인 맛을 냈다. 역시 많은 화학자가 이 염이 무엇인지 밝히려고 연구했다. 글루탐산에 칼슘도 붙여보고 암모늄, 마그

네슘 등을 붙여 봤지만 좋은 결과를 못 얻었다. 그런데 1907년 일본 도쿄대학의 이케다 기쿠나에池田菊苗 교수가 소듐을 붙인 결과 물에도 잘 녹고 맛이 뛰어나다는 것을 알아냈다. 기존의 맛과는 다른 우마미うま味, 즉 감칠맛이 탄생한 것이다. 이것이 MSG다. MSG는 Mono sodium L-Glutamate의 약자로 하나mono의 소금 분자sodium를 글루탐산L-Glutamate에 붙였다는 뜻이다.

이듬해 이케다 교수는 회사를 설립하고 맛의 정수라는 뜻의 '아지노모토'를 생산하기 시작했다. 이 제품은 음식에 약간만 넣어도 풍부한 맛을 내면서 세계적으로 엄청난 인기를 누렸다. 과거 우리나라에서도 모든 음식에 이 조미료를 넣었고 명절 선물로도 가장 인기가 있었다. 그런데 1960년대 미국에서 MSG가 많이 든 음식을 먹고 난 후 몸에 이상이 생겼다는 보고가 나왔다. 중국 음식을 먹는 사람에게 이런 현상이 많은 것을 알았고 중국 음식에 MSG가 많이 들어간다는 사실이 밝혀졌다.

이 사실은 전 세계로 '중국음식점 증후군'으로 불리면서 확대됐다. 미국 식품의약국FDA은 MSG의 하루 섭취 허용량ADI을 정하고 건강에 이상이 있는 사람이나 신생아는 섭취해서는 안 된다고 경고했다. 하지만 이후 많은 연구에서 MSG는 건강에 아무런 문제가 없다는 보고가 나왔다. 지금은 대부분 국가에서 하루 섭취 허용량을 없애버렸다. 안전하다는 이야기다. 우리나라도 2010년 3월에 식약처에서 MSG는 평생 먹어도 안전하다고 발표했다.

하지만 연구 발표와 현실은 다르다. 한번 사람들에게 깊이 각인된 것은 쉽게 바뀌지 않는다. 사카린도 비슷한 사례다. 사카린은 과거 불건강의 대명사로 인식되다가 아무런 문제가 없고 열량이 낮아서 단맛을 내기에는 오히려 좋다는 과학적인 결과를 발표해도 현재 사카린을 일부러 먹는 사람은 없다. 마찬가지로 음식에 일부러 MSG를 넣는 사람은 거의 없다. 그리고 MSG의 다른 문제점으로 염 형태로 붙어 있는 소금을 이야기한다. MSG를 많이 먹으면 자연스럽게 소듐, 즉 소금 섭취가 늘어난다. 과도한 소듐 섭취는 고혈압, 비만, 당뇨의 원인이다. 그런데 이것도 냉정하게 생각해봐야 한다. 특별한 경우가 아니면 건강에 문제가 될 정도로 MSG를 많이 먹는 예는 없다고 봐야 한다. 우리나라 사람들이 즐기는 식문화인 국이나 찌개를 먹으면서 섭취하는 소금이 문제가 되는 것이지 MSG에 붙어 있는 소금이 문제인 것은 아니다.

MSG의 진짜 문제점은 따로 있다. 사실 집에서 요리하면서 MSG를 넣는 경우는 거의 없을 것이다. 좋은 재료를 충분히 넣고 물에 끓이면 풍부한 맛이 난다. 많은 해물을 넣으면 오히려 속이 느끼할 정도로 과다한 글루탐산이 우러난다. 그런데 장사를 하는 식당은 재료로 맛을 내면 비용이 많이 들어간다. 비싼 재료가 들어간 만큼 그 값을 인정받는다면 재료로 맛을 낼 수 있다. 하지만 값싸고 맛있는 것을 원하는 고객 요구를 맞추려면 값싼 재료를 쓰고 MSG로 맛을 낼 수밖에 없다.

그리고 고객이 MSG만 관심을 가지는 동안에 식품 업체는 용어를 다양하게 바꾸어 왔다. 이름만 바꾸어 아미노산계 조미료라고 하면 그럴듯해 보이지만 이건 MSG의 또 다른 용어다. 식품 가공 산업이 발달하면서 다시마에 많이 있던 아미노산계인 글루탐산뿐만 아니라 멸치, 가다랑어, 쇠고기에 많은 이노신산과 표고버섯에 많은 구아닐산 같은 핵산이 발견되면서 핵산 조미료라는 이름으로 나와서 또 인기를 끌고 있다.

핵산 조미료나 아미노산 조미료나 용어만 다르지 MSG와 비슷하다고 보면 된다. 샤부샤부에 쇠고기나 표고버섯을 많이 넣거나 해물탕에 멸치와 다시마를 많이 넣을수록 감칠맛이 난다. 그런데 음식점은 그런 재료를 충분히 못 쓴다. 그러니까 음식점에서 MSG를 사용하는 것은 당연하다. 너무 예민하게 반응할 필요는 없다. 나는 MSG를 먹지 않는다. 아니, 먹을 이유가 없다.

원재료를 충분히 넣어서 맛을 내기 때문이다. 그리고 더 중요한 것은 나는 음식을 순하게 먹는다. 재료를 한 가지라도 적게 넣는다. 순한 맛을 즐기는데 맛을 내는 MSG를 넣을 이유가 없다.

어떤 사람들은 MSG가 들어간 음식을 조금만 먹어도 금방 알아차리고 거부감이 있다고 한다. 그럴 가능성은 있다. 모든 아미노산은 알레르기 반응을 일으킬 수 있기 때문이다. 고등어를 먹으면 히스타민 때문에 두드러기가 나는 사람이 있다. 그런 사람들은 먹지 않으면 된다. 천연으로 만든 조미료는 괜찮은데 MSG는 화학조미료라서 거부 반응이 있다는 사람들도 있다. 그런데 MSG는 화학제품이 아니다. 과거에는 글루탐산이 풍부한 해조류에서 MSG를 만들어 비용이 많이 들었다. 최근에는 사탕수수에서 설탕을 추출하고 남는 당밀을 미생물을 넣고 발효하여 글루탐산이 우러나면 여기에 소듐을 붙여서 MSG를 만든다. 즉 화학제품이 아니다. 천연 제품을 이용해서 인공적으로 만든 물질이다.

일부에서는 그렇게 인공으로 만든 글루탐산은 천연과 다르다고 주장한다. 심정적으로는 다를 수 있지만 우리 몸은 천연과 인공적인 것을 구분하지 않는다. MSG는 먹을수록 중독된다는 이야기를 많이 하는데 중독성은 없다. 단지 학습 효과로 그런 감칠

맛을 찾는 습관이 든 것이다. 나처럼 집에서 요리해 먹으면서 굳이 MSG를 넣는 사람은 없을 것이다. 밖에서 음식을 먹으면서 충분한 재료로 맛을 내는 음식을 합당한 비용을 지불하지 않고 값싸고 맛있게 먹으려고만 하는 고객이 문제다.

◆ ◆ ◆

발효식품은 건강하게 먹으면 더 좋다

나는 김치와 된장을 거의 먹지 않는다. 시작은 우연이었다. 외국인이 김포공항에 내리면 제일 먼저 마늘 냄새가 난다는 이야기를 듣고 오래전부터 외국에 나가기 전에는 한 달간 김치를 먹지 않았다. 인도에 가면 공항에서부터 카레 냄새가 나는 것과 같다.

그런데 30년 전 여성만 상대하는 유방암 검진 클리닉을 준비할 때 가끔 만나는 환자들이 생각났다. 점심이 끝난 오후 진료 시간에 김치를 먹고 오는 여성에게서 마늘 냄새가 났다. 내가 먹는 마늘은 맛있지만 남이 먹은 마늘 냄새는 좋지 않다. 이를 닦고 왔을 텐데도 냄새는 없어지지 않았다. 여성을 상대로 전문 클리닉을 하는데 적어도 남에게 불쾌감을 주지는 말아야겠다고 생각하고 김치를 끊었다. 기본 예의인 것 같았다. 그러면서 자연히

김치, 된장, 고추장은 대표적인 발효식품이다.

된장도 끊었다.

물론 과거에는 나도 김치나 된장을 자주 많이 먹었다. 기름진 돼지고기를 넣은 김치찌개도 입맛을 돋우는 음식이었다. 매일 먹는데도 된장국은 구수했다. 그랬는데도 김치와 된장을 먹지 않아도 별 문제가 없었다. 지금도 내가 김치와 된장을 먹지 않는다고 하면 모두 이상한 눈으로 보거나 놀란다. 한국인이 어떻게 김치와 된장 없이 산다는 말이냐? 지금은 먹고 싶은 마음도 들지 않는다. 외국에 한 달을 나가 있어도 생각이 없다. 그냥 현지 음식을 즐긴다.

그러면서 김치와 된장에 관해서 공부해보니 알려진 것처럼 그렇게 세계가 놀랄 만한 건강 음식이 아니었다. 그냥 좋은 음식이었다. 우리나라 사람들은 미생물 작용을 거친 발효 음식에 대한 환상이 대단하다. 매실 액기스가 유행하기도 하고 산에 나는

낫토는 일본의 대표적인 발효식품이다.

모든 약초를 넣은 발효액을 만병통치약처럼 생각하기도 하는데 단순히 향이 좋은 음료로 생각하면 된다.

김치와 된장 같은 음식을 최고의 건강식품이라고 떠들썩하게 홍보하는데 사실인 부분도 있고 과장된 부분도 있다. 사실 전 세계 모든 나라에는 고유의 발효 음식이 있다. 모두 각 나라에서 의미가 있고 건강한 음식이다. 잘 알려진 발효 음식으로 서양에는 치즈가 있고 일본에는 낫토가 있다. 비슷한 동남아시아의 템페도 콩으로 만든 건강 음식이고 생선으로 만든 발효 음식도 다양하다.

이제 우리도 김치와 된장에 대해 제대로 인식했으면 좋겠다. 김치와 된장도 그냥 건강에 좋은 많은 발효 음식 중 하나라고 생각하자. 어떻게 만들고, 어떻게 보관하고, 어떻게 먹어야 건강한

지 자료를 모으고 정리해보자. 그러면서 우리가 주장하는 것이 아니라 세계 사람들이 인정하는 발효식품으로 만들어 발전해나 가야 한다.

발효는 미생물 작용으로 크게 세 가지 과정을 거친다. 젖산 발효, 알코올 발효, 초산 발효다. 어떤 물질에 미생물이 작용해서 다른 물질로 바뀌는 발효 과정은 굉장히 예민하게 진행된다. 발효하는 동안 시간과 온도에 따라 좋은 맛을 내기도 하고 나쁜 맛을 내기도 하며 좋은 성분을 만들기도 하고 나쁜 물질을 만들기도 한다. 우리가 잘 먹는 요구르트는 우유를 젖산 발효시킨 것으로 발효 과정에서 젖산 발효 특유의 맛이 나고 몸에 좋은 유산균이 생긴다. 하지만 발효 과정에서 단백질이 변하면서 발암물질로 알려진 바이오제닉 아민Biogenic amine이라는 물질을 만들기도 하고 니트로사민N-nitrosamines이라는 물질을 만들기도 한다. 특히 김치에서 젓갈을 사용하는 경우 젓갈이 발효하면서 나오는 바이오제닉 아민은 대표적인 발암물질이다. 된장에 들어 있는 아플라톡신은 2군 발암물질이다.

그러면 김치와 된장을 먹으면 안 된다는 말인가? 이런 발암물질을 피할 방법은 없을까? 아니다, 먹어도 된다. 김치와 된장을 만들 때 독성 물질이 나오지 않도록 젓갈 같은 단백질을 양념으로 쓰는 것을 줄이는 것이 좋다. 맛있는 김치보다 재료를 적게 넣어서 시원한 김치를 즐기는 것도 방법이다. 나는 붉은 고춧가루와 새우젓을 조금만 넣은 김치는 가끔 즐긴다. 그리고 온갖 곰팡이가 붙어서 전통 맛을 낸다는 된장보다 균일화된 곰팡이가 붙은 메주를 이용한 된장을 쓴다.

일단 한 번 발효를 거친 음식을 그대로 유지하기 위해서는 일정한 온도를 유지하는 것이 좋다. 김치를 몇 년이고 푹 묵히면 좋은 것으로 알지만 젖산 발효를 지나면 초산 발효를 해서 신맛이 나고 더 지나면 그냥 물이 된다. 김치는 묵힐수록 좋다는 것은 사실이 아니다. 몸에 가장 좋은 것은 젖산 발효에서 나오는 유산균이다. 시간이 지나서 신김치가 되면 유산균은 줄어든다. 그런 의미에서 김치냉장고는 김치의 과학적인 보관을 한층 발전시켰다.

잘 만들고 잘 보관해서 맛도 좋고 유산균도 살아 있는 김치를 먹을 때는 잘 먹어야 한다. 우리나라 사람들이 좋아하는 김치찌개에 돼지비계를 넣어서 끓이면 유산균은 다 죽어버리고 지방이 혈관에 쌓이게 된다. 일부 된장도 2군 발암물질이라고 한다. 하지만 그냥 사실을 알고 있으라는 정도다. 된장을 먹는다고 암에 걸린다는 이야기는 아니다. 먹어도 좋다. 하지만 된장도 한 냄비

통째로 끓이거나 특히 청국장을 끓여 먹으면 좋은 균은 다 죽어 버린다. 나물이나 샐러드에 소스로 넣어 먹는 것을 권유한다.

3
지방과 콜레스테롤은 반드시 나쁜 것은 아니다

음식의 3대 영양소인 탄수화물, 단백질, 지방 중에서 지방에 대한 논란이 가장 많다. 1960년대 미국에서 심장병이 많이 생기자 혈중 콜레스테롤이 심장병을 일으키는 주범일 것이라는 가설을 세우고 대규모 연구를 시작했다. 그리고 연관이 있다는 결과를 발표했다. 1961년 미국심장학회는 지방식을 제한해야 한다는 식생활 지침을 내놓았다. 그 당시 지방이 심장에 문제를 일으킨다는 발표에 따라 학교 시험에도 출제되고 대대적인 홍보를 했기 때문에 지금도 대부분 사람은 지방이 건강에 좋지 않다고 생각하고 있다. 저지방 식품이 유행한 것도 그 시기부터다.

그런데 시간이 흘러도 미국에서 심장병은 줄어들기는커녕 더욱 늘어나게 된다. 그러자 탄수화물이 문제라는 연구가 쏟아져 나왔다. 탄수화물을 적게 먹어야 한다는 주장도 나오고 무가당 제품이 인기를 끈 것도 그 시대였다. 그 후로 탄수화물 섭취를 줄였는데도 심장병은 오히려 늘어나고 있다. 아직도 음식이 건 강에 미치는 작용에 대해 확실하게 내려진 결론은 없고 논쟁은 계속되고 있다.

논쟁은 크게 세 가지로 나뉜다.

1. 전통적인 입장은 포화지방산은 나쁘고 지방이 많은 음식을 금지해야 한다고 주장한다.
2. 반대되는 입장은 포화지방산을 비롯한 지방은 심장병에 문 제가 없다고 주장한다. 마음껏 지방을 즐기자는 저탄고지 또는 케톤 식이법 등이 있다.
3. 중도적인 입장은 콜레스테롤이나 포화지방산이 반드시 나 쁜 것은 아니며 가공되지 않은 포화지방산(코코넛 오일, 버터, 고기)은 먹어도 된다고 주장한다.

나는 여기에서 중도적인 입장이다. 건강하고 특별한 문제가 없는 경우는 중도적인 식사를 하는 것이 맞다. 지방이나 콜레스테롤이 들어 있는 음식을 먹거나 육식을 해도 문제가 없다. 우리 몸은 잘 짜인 기계다. 우리 몸은 중요한 영양소를 한 가지 경로로만 얻지 않는다. 3대 영양소인 탄수화물, 단백질, 지방도 어느 한 가지가 부족하면 다른 것으로 보충한다. 콜레스테롤은 우리 몸에서 아주 중요한 물질이므로 간 자체에서 안정적으로 80%를 생산해서 공급하고 있다. 음식으로 먹는 것은 20% 정도밖에 영향을 주지 않는다. 따라서 콜레스테롤이 많은 새우나 달걀을 먹을지 말지 고민하지 않아도 된다. 건강에 문제가 없다면 골고루 음식을 섭취하는 것이 좋고 자기가 좋아하는 형태로 먹으면 된다. 하지만 생활습관병은 고지혈 문제만 있는 것이 아니라 당뇨 등 복합적이다. 건강에 여러 문제가 있다면 콜레스테롤이나 당이 많은 음식을 줄이는 것이 맞다.

나는 이론적으로는 중도적인 입장이지만 채식 위주로 식사한다. 탄수화물도 가공되지 않은 현미와 통곡물을 먹고 고기는 사람을 만날 때만 먹고 집에서는 먹지 않는다. 그렇게 먹는 것이 몸과 마음이 편하기 때문이다. 이렇게 사람마다 다른 건강상의 문제나 개인적인 취향에 따라서 먹으면 된다.

건강한 사람은 그러한데 고지혈증이 있으면 어떻게 해야 할까? 새우와 달걀 같은 콜레스테롤이 많은 음식을 먹어도 될지 의문을 가진다. 여기에 답하기 위해 달걀과 콜레스테롤을 비롯한 지방에 대해 좀 더 알아보자.

달걀은 추억의 음식이면서 논란의 음식이다. 완전한 영양 성분을 갖춘 음식으로 주목받기도 하고 콜레스테롤 수치를 올리는 주범으로 인식되어 기피 음식으로 여기기도 한다. 달걀은 독특하다. 작은 알에 한 생명체가 태어나기 위한 영양분이 압축돼 있다. 지구상의 어느 물질보다 이 노른자 속에 온갖 영양분이 모여 있다. 병아리가 알을 깨고 나오면 알 속에는 약간의 태변 이외에는 아무것도 없다. 그만큼 오직 생명 탄생을 위한 영양이 농축되어 있다. 이런 신비한 성질 때문에 알에서 조상이 탄생한 신화가 많다.

7,000년 전 닭이 가축으로 자리 잡으면서 고기로 또 알로 인간에게 많은 도움을 주었다. 집에서 닭을 키우면서 자연적으로 생긴 달걀은 영양이 부족하던 시절 인간에게 값싸고 좋은 영양소였다. 그런데 점차 산업으로 발전하면서 단지 병아리를 부화시키는 과정, 고기 생산을 위한 육계 과정, 달걀 생산을 위한 양계 과정으로 세분화해 닭고기와 달걀을 대량 생산하게 됐다. 현재 우리나라에서는 달걀을 1일 4,000만 개, 1년에 150억 개 소비한다. 1인당 1년에 270개의 달걀을 소비하고 있다. 이렇게 대

달걀은 생명을 탄생시키기 위한 영양 덩어리다.

량 소비하다 보니 여러 가지 문제점이 생겨났다.

　우선 현재 달걀 생산을 둘러싼 의문점을 하나씩 분석해보겠다. 달걀의 대량 생산이 가능하게 된 것은 닭장에 가두어 키우는 양계장 덕분이다. 싼값에 양질의 영양분을 가진 달걀 생산이 가능하게 된 것이다. 하지만 닭을 좁은 우리 안에 가두어 키우는 것이 윤리적으로 맞는 이야기인지, 집단으로 키우기 위해서 사용하는 살균제가 안전하지, 그렇게 얻은 달걀이 인간에게 해롭지는 않은지 논란이 끊이지 않는다. 그래서 유럽연합에서는 2012년부터 좁은 닭장(케이지)에서 닭을 키우는 것을 금지했다. 우리나라도 최근에 등급을 매기고 있다.

　달걀 껍데기에 보면 숫자가 찍혀 있다. 제일 앞자리는 생산 날짜다. 그다음은 생산자 고유 번호다. 마지막 숫자는 키우는 환경을 뜻하는데 이 숫자가 소비자에게 가장 중요하다. 1은 밖에 놓아서 키우는 것이다. 2는 가두어 키우지만 넓고 평평한 땅에서 키우는데 닭이 올라갈 수 있는 홰를 갖추기도 한다. 1과 2를 동물 복지 달걀이라고 말한다. 4는 A4 용지보다도 작은 닭장에 닭을 꼼짝 못하게 평생 가두어 달걀만 생산하게 하는 환경이다. 우리가 과거 흔히 보던 좁은 닭장이다. 3은 4보다 조금은 넓은 공간에서 가두어 키우는 환경을 뜻한다. 원론적으로 이야기하면 숫자가 낮을수록 건강한 환경에서 키우는 것이라고 볼 수 있다. 가격도 숫자가 낮을수록 비싸다.

그럼 1과 같이 야외에서 지렁이도 잡아먹고 야생의 온갖 잡초를 먹는 닭이 과연 건강한 달걀을 생산할까? 전체적인 큰 틀에서 이야기하면 닭이 스트레스 없이 건강한 먹이를 먹고 살면 건강한 달걀을 낳을 것이다. 그런데 인간이 야생에 있던 동물을 길들여서 오랜 시간을 거치면서 가축으로 키웠다면 그 가축은 인간 품속에 있는 것이 가장 스트레스가 적을 수 있다. 길든 가축이 야생에 던져졌을 때 다른 동물의 공격을 받아서 생명의 위협을 받을 수 있고 먹이를 제때 못 먹을 수도 있고 추위나 더위에 힘들어할 수 있다. 실제로 더위에 약한 닭은 여름에는 활동력이 현저하게 떨어진다.

그런 스트레스를 받을 때는 달걀도 적게 낳고 달걀 크기도 작아진다. 차라리 야생동물의 공격도 받지 않고 쾌적한 온도에서 풍부한 먹이를 먹으면서 자란 닭은 훨씬 건강해져 건강한 달걀을 낳을 수 있다. 개인이 닭 몇 마리를 키우고 달걀을 얻는 경우는 모르겠지만 대량으로 사육하는 경우 땅에 낳은 달걀은 껍데기에 손상이 가면 감염될 가능성도 있다. 그러니까 상품화되는 달걀은 어느 정도 통제된 환경에서 나온 것이면 충분하다. 1번 달걀이 심정적으로는 좋은 것 같지만 2번 달걀이 오히려 안전하고 충분하다는 말이다.

목초를 먹어서 키운 닭도 목초 자체가 특별히 좋은 사료라고 밝혀지지는 않았으므로 더 건강하고 좋은 달걀을 낳는다고 할 수 없다. 유정란은 무정란에 비해 생명이 있는 달걀이다. 온도를 높여 품으면 병아리가 된다. 유정란을 보관하면 몇 달이고 오래가지만 무정란은 몇 주만 지나도 물러진다. 유정란이 생명도 들어 있고 건강하다. 그런데 영양상으로 이야기하면 차이는 없는 것으로 나타난다.

무항생제 이야기도 있고 살충제 이야기도 나오는 이유는 대량으로 닭을 키워서다. 밀집해서 닭을 키우면 닭에 진드기가 생기고 병이 전염되므로 예방하기 위해 진드기 살충제를 뿌린다.

살충제 성분이 인간의 몸에 남아서 건강에 문제를 일으키기 때문에 경각심을 가져야 한다. 2017년 유럽에서 네덜란드산 달걀에서 살충제가 발견되면서 많은 논란을 일으켰다. 달걀의 살충제 문제는 한 번씩 터지는데 대량 사육 환경에서는 피할 방법이 없다. 최근에는 살충제를 직접 닭에게 뿌리는 것이 아닌 사료에 살충제를 먹여서 진드기를 예방하는 방법이 나왔는데 잔존 살충제 측정을 피하려는 방법이라 측정만으로 살충제를 얼마나 치는지 알 수가 없다.

자연적으로 보면 닭은 매일 알을 낳지 않는다. 빛의 양에 따라 뇌하수체가 반응하고 먹이나 온도에 따라서 알을 낳는 빈도가 다르다. 보통 1주일에 6일 정도 알을 낳고 1일을 쉬는 수준이 자연적이다. 그런데 닭이 매일 알을 낳도록 하는 것이 상업적으로는 유리하다. 그래서 먹이도 충분히 주고 온도도 일정하게 유지하고 무엇보다 빛을 조정한다. 닭장에 16시간 이상 불을 켜두는 이유다. 좁은 닭장에서 평생 꼼짝도 못 하고 잠도 제대로 못 자면서 달걀을 생산하는 것이다. 동물 복지 차원에서는 13시간 정도 빛을 비추도록 하고 있다.

결론적으로는 나는 마지막 번호가 2번인 달걀을 사서 먹는다. 2번 중에서도 가격 차이가 40% 이상 나는 경우가 있다. 2번은

평평한 땅에서 넓은 면적에 가두어 키우는 환경을 의미하는데 환경에 대한 상한선이 없다. 닭이 좋아하는 홰의 높이에 관한 규정도 없고 그냥 면적이 어느 정도 이상이면 2번으로 찍힌다. 양계 사업자 중에는 평생을 자기 직업으로 여기고 좀 더 나은 환경을 만들고 싶어 하는 분들이 있다. 그에 따라서 값을 정하기 때문에 같은 2번이라도 가격 차이가 난다.

나는 2번 중에서 가장 비싼 달걀을 먹는다. 사실 비싸다고 해도 몇백 원 차이다. 쌀이나 달걀 같은 것은 좋은 것을 먹으라고 말하면 비싸다고 반응하는데 그래야 몇백 원 차이다. 재료를 구할 때 쓸데없는 정보로 비싸게 사는 경우나 증명되지 않은 정보로 비싼 보조제를 먹는 것은 생각하지 않고 제대로 먹어야 할 재료가 몇백 원 비싸다고 말하면서 따지는 것을 보면 이해가 되지 않는다(쌀도 50% 올랐다고 이야기할 때가 있는데 밥 한 그릇 값은 기껏 200원이다. 두 배로 올라도 400원이다).

합리적인 소비를 하자. 달걀은 생명을 탄생시키기 위한 영양 덩어리다. 특히 노른자가 그렇다. 콜레스테롤 덩어리다. 그래서 사람들은 달걀 먹기를 꺼린다. 혈관 질환의 주범이 콜레스테롤이라는 이야기를 많이 들었기 때문이다. 현재는 콜레스테롤이 심장병의 주요한 원인이 아니라는 결론을 내렸다. 그래서 지방이 무엇인지, 콜레스테롤이 무엇인지 정확하게 이해해야 제대로 된 식생활을 할 수 있다.

달걀이 콜레스테롤 수치를 올리지는 않는다

우리가 지방fat이라고 얘기하는 것은 사실 정확한 표현은 지질 lipid이다. 지질은 중성지방과 콜레스테롤이 섞여 있다. 우리 몸의 3대 영양소 중에서 탄수화물과 단백질은 몸에서 즉시 사용되는 것에 초점을 맞춘 물질이고 중성지방은 저장용이다. 에너지로 사용하고 남는 탄수화물과 단백질을 저장하려면 물을 포함하고 있으므로 무겁고 에너지 발생도 적어서(1그램당 4칼로리) 비효율 적이다. 지방은 같은 무게로 두 배 이상의 에너지(1그램당 9칼로

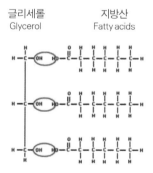

글리세롤
Glycerol

지방산
Fatty acids

리)를 내므로 효율적인 저장 에너지다.

우리가 먹는 기름 덩어리는 대표적인 중성지방인 중성지질$_{TG,}$ $_{triglyceride}$이 대부분을 차지하고 콜레스테롤은 적다. 콜레스테롤은 저장되지 않고 바로 사용되는 지질이다. 세포를 구성하는 핵심 물질이고 담즙, 스테로이드, 성호르몬 등을 만드는 데 중요한 물질이다.

중성지질은 글리세롤 1분자에 지방산 3분자가 결합한 구조다. 지방산 개별 사슬은 탄소가 16개인데 몇 개씩 묶여 끊어지면서 많은 에너지를 내게 된다. 음식으로 지방을 먹으면 물에 녹지도 않고 단위가 커서 우리 몸이 흡수를 못 한다. 그래서 쓸개에서 담즙산이 나와서 우리 몸에 흡수되도록 유화시킨다. 비누를 생각하면 된다. 물과 어울리지 못하는 기름을 물에 녹이는 과정이다.

지방산의 큰 구조물은 소장에서 리파아제$_{lipase}$라는 효소로 끊어져 흡수된다. 흡수된 것은 림프관으로 들어가 킬로미크론$_{chylomicron}$ 덩어리가 된다(킬로미크론 덩어리는 중성지질이 대부분을 차지하고 적은 양의 콜레스테롤이 섞여 있는 덩어리다). 이 킬로미크론 덩어리는 정맥관$_{thoracic\ duct}$에서 비로소 혈액과 섞인다(정맥관은 동맥이나 정맥과 같은 구조로 순전히 지질만 운반되는 통로다). 그리고 폐와 심장을 지나 대동맥을 나와서 몸의 각 부분으로 지방을 나른다. 동맥이 근육과 지방 조직을 지날 때 저장 지방인 중성지질은 빠져나간다. 남은 중성지질과 콜레스테롤은 간으로 간다. 이것이 지방을 음식으로 섭취하면 소화되고 간에 이르는 경로다.

콜레스테롤은 우리 몸에서 아주 중요한 물질이다. 그래서 외부에서 음식으로 지질을 못 먹을 상황에 대비하고 있다. 우리 몸에 필요한 콜레스테롤은 20% 정도만 외부에서 얻는다. 80%는 간에서 다양한 물질을 이용해서 자체적으로 만들고 있다. 콜레스테롤이 중요한 물질이니까 안정적인 공급처를 확보하고 있다는 이야기다. 바꾸어 이야기하면 콜레스테롤이 많이 들어 있는 음식을 먹는다고 해서 혈중 콜레스테롤 양이 올라가지는 않는다. 고지혈증이 있는 사람이 콜레스테롤이 많이 들어 있는 새우나 달걀을 먹어도 되는지 궁금해하는데 괜찮다는 결론이다. 미국심장학회는 2015년 고지혈증 환자가 먹지 말아야 할 음식에서 달걀을 삭제했다.

사람들은 인터넷을 통해서 대부분 정보를 얻는다. 병원에 오는 환자 중에 잘못된 정보를 어디선가 알아와서 얘기하는 사람이 많다. 전 세계 전문가가 매일 많은 연구 결과를 발표한다. 아무 곳에나 발표하는 것이 아니고 검증된 학회에 발표하면 많은 논쟁을 거치게 되고 인정을 받아야만 세상에 알려지게 된다. 그래도 시간이 지나면 사실관계가 뒤집히기도 한다. 이런 과정을 거치지 않고 개인적인 경험을 그냥 얘기해서는 안 된다는 불문율이 있다.

그런데 유튜브 등 인터넷이 발달하면서 개인 채널에서 자신의 단순한 지식을 대중에게 전파하는 것이 가능해지자 사실관계를 판단하기가 극도로 어지러워졌다. 많은 사람이 인터넷에서 찾을 수 있는 지식을 사실로 받아들인다. 많은 정보 중에 자기가 바라고 원하는 지식만 받아들인다. 하지만 과학은 정확한 정보를 찾을 수 있는 과정과 원칙만 알고 있으면 누구나 쉽게 판단할 수 있다. 검증된 대학이나 연구기관, 학회 홈페이지에 들어가서 단어를 검색하면 검증된 사실을 알 수 있다. 지금은 의학 정보도 쉽게 검색할 수 있고 번역 기능을 활용할 수도 있다.

예를 들어 고지혈증 환자가 달걀을 몇 개 정도 먹어도 괜찮을지 궁금한 사람은 하버드대학교 의대나 존스홉킨스병원 홈페이지에 들어가 검색하면 아주 정확한 정보를 얻을 수 있다. 검색 결과는 1주일에 6개라고 나온다. 하루 1개 정도는 먹어도 괜찮다는 말이다. 어떤 사람들은 노른자에 콜레스테롤이 많으니까 노른자를 빼고 흰자만 먹는데 흰자는 물과 단백질만 있다. 흰자만 먹는다면 달걀을 먹는 의미가 없다.

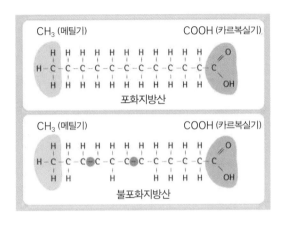

CH₃ (메틸기)　　　　　　　　COOH (카르복실기)

포화지방산

CH₃ (메틸기)　　　　　　　　COOH (카르복실기)

불포화지방산

◆ ◆ ◆

오메가3를 먹지 말고 오메가6와의 균형을 생각하자

지질은 글리세롤과 3분자의 지방산으로 구성되는데 글리세롤이 지방산과 떨어지면 유리지방산이 되고 16개의 탄소로 이루어진 지방산이 쪼개어지면 비로소 에너지가 생긴다. 지방산은 포화 정도에 따라 포화지방산과 불포화지방산으로 나눈다. 포화지방산은 화학적으로 안정화돼 있고 고체 상태로 굳는다. 돼지삼겹살과 곰탕은 식으면 굳는다. 버터나 코코넛오일도 포화지방산이다. 포화지방산은 에너지를 저장하는 데 사용되기도 하고 외부 추위에 견디도록 외부를 포장하는 역할도 한다. 동물이 살아가는 데 꼭 필요하다.

식물의 저장 에너지는 녹말 또는 전분이다. 그런데 식물의 씨 등에도 지방이 있다. 액체 상태로 되어 있고 불포화지방산이라 상태가 불안정하고 산소를 만나면 결합해서 쉽게 산패한다. 식물의 불포화지방산은 동물에게 꼭 필요한 성분이어서 필수 지방산이라 한다. 불포화지방산은 두 종류가 있다. 이중결합이 한 개이면 단일불포화지방산이고 두 개 이상이면 다가불포화지방산이다. 단일불포화지방산이 더 안정적이다. 열에도 비교적 안정적이다. 다가불포화지방산은 햇빛, 열, 공기를 만나면 쉽게 산화된다. 쉽게 변한다는 이야기다. 올리브오일을 살 때 빛이 차단된 검은 병에 담긴 것을 택하고 어두운 곳에 보관하고 개봉하면 한 달 이내에 소비하라는 것도 이 때문이다. 요리할 때 열을 가하면 올리브오일의 이로움이 없어진다는 이유도 여기에 있다. 들기름, 참기름, 올리브오일은 열을 가해서 짜낸 것보다 저온 압착식으로 짜낸 것을 사용하는 이유도 여기에 있다.

단순히 지방산만 가지고 이야기하면 기능적으로 다가불포화지방산이 가장 좋고 그다음은 단일불포화지방산이고 마지막이 포화지방산 순이다. 하지만 생산하고 보관하고 요리하면서 산화하는 것을 생각하면 순서가 거꾸로다(포화, 단일불포화, 다가불포화

순). 원래 기능적으로 좋은 다가불포화지방산을 저온 압착식으로 잘 생산하고 빛에 노출되지 않게 잘 보관하고 고온으로 열을 가하지 않고 요리하는 것이 건강하게 기름을 쓰는 방법이다.

몸에 좋다고 알려진 다가불포화지방산은 크게 오메가3, 오메가6로 나눈다. 9도 있지만 중요한 것은 3와 6다. 주변에 오메가3와 오메가 6를 모르는 사람이 없을 정도다. 그런데 오메가3만 중요하다고 잘못 알고 있거나 너도나도 보충제로 먹고 있다. 잘못된 상식이다. 지방산 끝에는 메틸기$_{CH3}$와 카복실기$_{COOH}$가 붙어 있는데 메틸기부터 시작한 탄소$_C$에서 3번째 탄소에 이중결합이 있는 것이 오메가3고 6번째 탄소에 이중결합이 있는 것이 오메가6다.

오메가3는 신선한 채소의 엽록소나 엽록소가 많은 바다의 플랑크톤을 먹고 자란 등 푸른 생선에 많이 있고 오메가6는 곡식 같은 열매나 씨에 많이 있다. 오메가3와 6는 우리 몸에 똑같이 중요한 물질이다. 오메가3는 혈중 중성지질을 조절하고 혈액이 잘 흐르도록 한다. 오메가6는 혈관의 염증을 줄이고 세포막 형성에 관여하고 혈관벽을 강화한다. 다양한 식물을 골고루 먹으라고 하는 이유가 여기에 있다.

인간은 진화하면서 오메가3와 6 비율을 일대일로 균형 있게 섭취하면서 혈관벽도 튼튼해지고 피도 맑아져 혈관의 건강을 유지하고 있었다. 그런데 1980년을 전후해서 인스턴트식품이 발달하면서 오메가3가 많이 들어 있는 신선한 채소를 적게 먹었다. 그리고 오메가6가 많은 옥수수 같은 곡식으로 만든 패스트푸드 소비가 늘어나기 시작했다. 더구나 옥수수가 들어간 사료를 먹여서 키운 소고기 등의 소비도 증가했다. 현재는 오메가3와 6의 비율이 1:20 정도로 기울어졌다. 당연히 균형이 무너졌고 혈관 질병이 많아졌다.

그러니까 제약 회사가 움직였다. 오메가3의 중요성을 강조하면서 오메가3를 보충해야 한다는 논리가 통하게 됐다. 망가진 대장의 장내 세균을 건강하게 키울 생각은 안 하고 간단히 유산균을 먹겠다는 논리와 똑같은 생각이다. 오메가3를 보충제로 먹어서 쉽게 문제를 해결할 생각을 버려야 한다. 오메가6가 많은 곡류를 가공하거나 그런 곡류를 먹여 키운 음식 섭취를 줄여서 오메가3와 6의 균형을 맞추는 것이 더 중요하다.

◆ ◆ ◆

트랜스 지방은 조금이라도 먹지 않는 게 좋다

마지막으로 말이 많은 트랜스 지방에 대해 알아보겠다. 포화지방산은 탄소와 수소가 단단하게 일렬로 연결돼 차곡차곡 빈틈 없이 에너지를 저장하는 구조다. 공간을 덜 차지하므로 저장에 효율적이고 외부의 낮은 온도에 견디도록 된 구조여서 실온에서 는 고체다. 주로 동물성 지방이 그렇다. 그에 반해 불포화지방산 은 중간에 탄소끼리 단순결합을 하면서 꺾인다. 이것이 시스cis 형태다. 그래서 에너지가 차곡차곡 저장이 안 되고 중간중간 여 백이 있다. 구조가 느슨하니까 실온에서는 액체다.

200도 이상의 열을 가하면 화학식은 그대로인데 안의 구조 물이 바뀐다. 꺾인 단순결합이 일직선으로 펴진다. 이것이 트랜 스trans 형태다. 열을 가하는 것 외에도 인공적으로도 화학 구조 를 바꾸어서 트랜스 지방을 만들 수 있다. 값싼 식물성 기름으로 과자, 도넛 등을 만들려니까 보관도 어렵고 액체라서 원하는 모 양을 만들 수가 없었다. 그런데 식물성 기름에 인공적으로 수소 를 붙여서 이중결합이 되게 하니까 꺾인 부분이 일직선으로 되 고(트랜스 형태) 실온에서 고체가 됐다. 인스턴트식품에 대혁명을 일으킨 발견이었다.

마가린, 쇼트닝, 도넛, 각종 튀김 등은 전부 트랜스 지방이 들 어 있다. 쇼트닝은 다양한 씨에서 얻은 기름에 수소를 첨가하여 고체화한 것을 총칭한다. 트랜스 지방으로 요리한 음식은 바삭한 느낌이 있다. 문제는 우리 몸에서 트랜스 지방을 분해하는 효소가 없다는 것이다. 혈관에 고체 형태로 차곡차곡 쌓여서 문제를 일으킨다. 그래서 모든 나라가 트랜스 지방 함량 표시제를 의무화하고 있다. 아마 대부분 과자 포장지에서 '트랜스 지방 0'이라는 표시를 볼 수 있을 것이다. 하지만 트랜스 지방 없이는 과자나 도넛을 비롯한 모든 것이 존재할 수가 없다. 그래서 나라마다 어느 수준까지는 트랜스 지방이 포함돼도 0이라고 표시하도록 인정하고 있다.

그런데 이 수치는 트랜스 지방의 총량을 표시한 것이 아니다. 한 번에 먹는 과자에 일정량 이하의 트랜스 지방이 들어가면 0이라고 표시할 수 있도록 했다. 그러니까 '트랜스 지방 0'이라고 표시돼 있어도 허용량에 해당하는 양이 들어 있다는 말이다. 그래서 소비자 단체는 눈 가리고 아웅 하는 표시라고 지적한다. 조금이라도 먹지 않는 것이 좋다.

3장

어떤 음식
재료를 먹을
것인가

1

건강한 식생활 습관이 필요하다

◆ ◆ ◆

불편한 옛날 생활 형태가 건강한 습관이다

2장에서는 음식 재료에 관한 과학적인 사실을 다루었다. 3장에서는 어떤 재료를 어떻게 요리해서 언제 먹어야 할지에 대한 구체적인 이야기를 하고자 한다.

현대는 모든 분야가 불확실하고 어지러운 시절이다. 인간을 둘러싼 환경은 갈수록 나빠지고 있다. 인류의 위기라는 말이 자주 나온다. 그런데 한편으로 생각하면 인류를 둘러싼 주위 환경은 항상 만만치 않았다. 인간은 빠르지도 않았고 날카로운 이빨을 가진 것도 아니었고 후각이나 시각이 뛰어나지도 않았다. 배

불리 먹는 날보다 굶는 날이 더 많았다. 다른 동물을 잡아먹는 것보다 잡아먹히는 일이 다반사였다. 시간이 지나면서 인간은 자연을 다스리게 됐고 풍족을 누리게 됐다. 굶주림의 시간은 오래였으나 풍족의 시간은 100년이 되지 않았다. 그런데 이 풍족이 오히려 인간의 건강을 위기로 몰고 있다.

먹을 것이 적고 영양분이 부족하고 거친 것에 오랜 시간 적응됐던 인간에게 영양이 풍부하고 부드럽고 맛있는 음식이 오히려 우리 건강을 해치고 있다. 그러면서 우리를 둘러싼 환경은 점점 더 나빠지고 있다. 숨 쉬는 공기와 먹는 물이 나빠지고 음식 재료의 질도 갈수록 떨어지고 있다. 여기다가 미세 플라스틱을 비롯한 문명화의 결정체인 화학물질이 우리를 공격하고 있다. 2022년 8월 네덜란드 학자가 인간의 모세혈관에서 나노 수준의 미세 플라스틱 조각을 처음으로 발견했다. 엄청나게 충격적인 일이다. 환경오염을 막기 위해서 지금부터 플라스틱을 적게 쓴다고 해결될 일이 아니다. 이미 미세혈관까지 위험한 물질들이 자리 잡고 있고 계속 물밀듯이 들어오고 있다. 선을 넘어 버렸다는 이야기다.

그럼 어떻게 해야 할까? 대책 없이 많은 병에 시달리고 위기를 맞아야 할까? 아니다. 내가 내린 결론은 원점에서 다시 생각하면 의외로 답이 있다고 생각한다. 인류 역사에서 99%의 시간은 위험에 노출됐고 먹을 것이 부족했다. 최근 겨우 70~80년이라는 짧은 시간 동안 우리가 풍족을 누린 것이다. 이 시간이 비정상적이었다. 착각하고 있었다. 비정상인 현재 생활을 인정하고 정상적인 옛날 생활을 아는 것이 해결의 출발점이다.

좀 불편하고, 배가 고프고, 맛이 없고 거친 식생활 환경을 만드는 것이다. 그리고 믿을 것은 우리 몸밖에 없다. 원래 인간은 자기 몸밖에 믿을 게 없었다. 그렇게 해서 거친 세상에서 살아남았다. 우리가 잠시 잊어버리고 있었던 사실이다.

주위의 수많은 정보가 우리를 걱정하게 만든다.

- 탄 음식 먹지 마라.
- 산성 음식 먹지 마라. 몸은 알칼리 상태를 유지해야 한다.
- 붉은 고기는 암을 유발한다.
- 정제된 소금과 설탕이 몸을 상하게 한다.
- 유전자 조작 식품GMO이 우리 식탁을 차지하고 건강을 위협하고 있다.
- 소금이 건강을 해친다. 음식에서 소금 양을 줄여라.
- 된장에 들어 있는 아플라톡신은 간암을 일으키는 물질이다.

- 수많은 식품 첨가물이 건강을 위협하고 있다.
- MSG가 들어 있는 음식은 먹어서는 안 된다.
- 채식이 더 위험하다.
- 현미도 렉틴 때문에 위험하다.

한편에서는 또 많은 해결책을 얘기한다.
- 김치와 된장은 세계적인 건강 식품이니 많이 먹어라.
- 고온에서 아홉 번 구운 소금으로 못 고치는 병이 없다.
- 노벨상을 세 번이나 받았을 정도로 식초는 많은 병을 고친다.
- 아침에 한 잔의 해독 주스는 우리 몸의 독소를 빼낸다.
- 저탄고지는 살을 빼는 좋은 방법이다. 기름기 있는 고기를 맘껏 즐겨라.
- 매일 유산균을 먹으면 장이 건강해진다.

　건강한 음식에 관한 방법론으로 들어가면 수많은 정보가 넘쳐난다. 부분적으로 보면 나름대로 맞다. 하지만 대부분이 전체를 보지 않고 일부분만 얘기하고 상업적으로 접근한다.
　많은 암 환자가 나에게 무엇을 먹으면 좋은지, 자신의 생활 습관에 문제가 없는지 묻는다. 그러면 나는 우선 자신이 생각하는 병의 원인이 무엇인지, 언제 무엇을 먹는지, 잠은 어떻게 자는지, 대소변은 어떻게 보는지 등 모든 생활 습관에 대해 일주일 동안 적어보라고 권유한다. 일단 이런 숙제를 주면 반 정도는 탈락한다. 무언가 비법을 알려줄 것 같아서 왔는데 별것 아닌 것 같고 귀찮은 일을 시키니까 그렇게 생각하는 것 같다.

해결의 첫걸음은 자신의 문제를 깨닫는 것이다. 자세히 자신의 생활 습관을 적어온 사람에게 무엇이 문제인지 알겠느냐고 물어보면 대부분 자신의 잘못을 이야기한다. 그래서 여러분에게도 권유한다. 일단 건강한 생활 습관으로 바꾸기를 원한다면 짧게는 일주일, 길게는 한 달 동안 먹고 자는 모든 생활 습관을 적어 보라.

사실 건강을 지키는 생활 습관은 다들 잘 알고 있다. 간단하다. 담배 피우지 마라, 붉은 고기 먹지 마라, 태운 음식 먹지 마라, 채소 중심의 건강한 음식을 먹고 적정 체중을 유지하라, 주기적으로 운동하라, 스트레스를 줄이는 이완 요법을 하라.

모두 맞는 습관이고 건강에 아주 중요하다. 단순하지만 우리가 잊고 있었던 올바른 습관을 다시 한번 생각해 보자.

◆ ◆ ◆

집밥의 중요성은 아무리 강조해도 지나치지 않다

건강한 음식의 출발은 집밥이다. 나는 오래전부터 집에서 밥해 먹는 것이 중요하다고 얘기해 왔지만 따라 하는 사람이 드물었다. 시간이 없고 귀찮아서 그렇다는 것이다. 값싸고 맛있는 음식이 밖에 많이 있는데 굳이 힘들게 집에서 밥해 먹어야 하느냐고 반응하면 더 이상 얘기를 할 수가 없었다.

3년 전 코로나바이러스가 퍼지고 사람들이 집에 있는 시간이 길어졌다. 나는 드디어 사람들이 집에서 밥을 해 먹을 것이라고 기대했다. 그런데 기대와는 달리 배달 음식이 급격하게 늘어났고 그에 따라 배달 포장재 또한 급증했다. 환경도 건강도 더욱 나빠지고 있다.

다시 강조한다. 집에서 밥을 해 먹어야 한다. 왜 집밥을 그렇게 강조하느냐고? 집에서 밥을 하면 아무리 맛 위주로 요리해도 밖에서 사 먹는 것보다 재료나 요리 방법에 신경을 쓴다. 밖에서 사 먹는 요리는 맛과 가격 위주다. 식당은 대중을 상대로 하므로 맛 위주여서 음식이 자극적이다. 최근 들어 더 달고 더 짜고 더 맵다. 나는 이런 음식을 못 먹는다. 속이 불편하고 쓰리다. 나도 과거에는 밖에서 잘 먹던 생각이 나서 한 번씩 떡볶이와 김밥과

현미밥에 반찬은 나물만 먹을 때도 있다. 국과 김치는 없다.

순대를 먹으면 어김없이 후회한다. 그때와는 맛이 많이 변했다. 싸고 맛있는 음식을 원하는 고객을 생각하면 재료가 부실할 수밖에 없다.

그러므로 건강한 음식을 원한다면 당장 집밥을 시작해야 한다. 시작은 어떻게 해도 상관없다. 자기 입맛에 따라 고기를 먹어도 되고 라면을 먹어도 되고 튀김을 먹어도 된다. 있는 재료로 일단 집에서 밥하는 습관을 들이자. 시간이 지나면 차츰 재료와 요리 방법에 관해서 관심이 생길 것이다.

집밥을 시작하는 데 첫 번째로 중요한 것은 입맛을 순하게 하는 것이다. 나는 오래전부터 입맛이 순해서 쉽게 건강한 음식을 시작할 수 있었다. 라면을 먹을 때는 수프를 넣지 않았다. 대신 다양한 채소를 넣었다. 간은 따로 약간의 김치로 맞추었다. 라면은 수프 맛인데 차라리 국수를 먹지 어떻게 그런 밋밋한 라면을 먹느냐며 아내에게 핀잔을 들었다. 그래도 국수는 국수고 라면은 라면이다. 라면의 기름진 맛은 국수와는 다른 맛이다. 라면의 맛은 수프가 좌우한다. 작은 양의 수프를 달리하면 곰탕 라면도 되고 해물 라면도 된다는 것이 신기했다. 수프 맛에 휘둘리기가 싫어서 수프를 넣지 않았다. 라면 고유의 면 맛을 느끼고 싶었다.

곰탕을 먹을 때는 소금을 넣지 않았다. 사람들은 곰탕을 받으면 간을 보지도 않고 일단 소금부터 넣는다. 나는 지금은 곰탕을 먹지 않지만 과거에는 곰탕에 소금을 넣지 않고 김치 몇 조각으로 간을 맞추어 먹었다. 나름대로 내가 정한 원칙은 밥은 밥대로, 곰탕은 곰탕대로, 라면은 라면대로 고유의 맛을 느끼고 간은 장아찌든 김치든 따로 맞추자는 생각이다. 밥과 반찬을 입에 같이 넣지 말고 밥만 입에 넣고 끝까지 씹어서 단맛을 느끼고 필요한 반찬은 따로 먹어보라. 아마 먹는 반찬 양이 반의반으로 줄 것이다. 그리고 맛이 강한 반찬이 필요 없을 것이다.

이렇게 입맛을 순하게 단련하는 것은 건강한 음식을 먹는 것에서 아주 중요하다. 요리할 때 레시피에서 재료를 한 가지씩 빼고 요리해 보라. 무언가 맛이 조금은 덜할 것이다. 된장국을 끓

라면은 수프 없이 끓이거나 수프를 3분의 1만 넣어 보라.

일 때 멸치를 넣지 말고 맹물에 된장을 풀어서 끓여 보라. 된장은 주식이 아니라 반찬이고 나물이나 채소 같은 반찬을 먹는 데 보조로 먹는다고 생각하면 된다.

라면은 수프 없이 끓이거나 수프를 3분의 1만 넣어 보라. 나물을 무칠 때 참기름이나 깨소금을 넣지 말고 소금이나 된장으로 약간의 간만 하고 먹어보라. 분명 감칠맛도 적고 고소한 맛도 별로 없을 것이다. 이런 맛에 익숙해지기까지는 시간이 걸린다. 하지만 이렇게 해야 요리하기도 편하고 입맛도 순해지면서 건강한 음식을 만들 수 있다. 조미료를 하나라도 더 넣어서 맛을 내려고 하지 말고 오히려 한 가지씩 재료를 빼서 조금은 맛을 없게 해서 입맛을 순하게 훈련하길 권유한다.

맛있는 음식을 먹는 것이 재미인데 그럼 무슨 재미로 사느냐고 묻는 사람도 있다. 나도 맛있는 음식을 먹는 것이 삶에서 중요한 부분이라고 생각한다. 누구보다도 그렇게 생각하고 맛있는 음식을 찾아다닌다. 맛이 없는데도 내가 별나서 이런 음식을 먹는 게 아니다. 나는 이런 음식이 맛있다. 오랜 기간 훈련한 결과다. 그리고 지금 나는 건강하다.

2

건강한 요리 재료를 구해야 한다

◆ ◆ ◆

한옥 병원을 짓고 텃밭을 만들다

집밥을 하는 데 가장 신경 쓰이는 부분은 어떤 재료를 어디에서 구하는가다. 지구상에는 수많은 식물과 동물이 살아간다. 식물은 공기 중의 이산화탄소와 뿌리에서 올린 물을 빛으로 합성해 에너지를 만들어서 살아간다. 동물은 이런 식물을 먹고 사는 초식 동물이 있고 초식 동물을 먹고 사는 육식 동물이 있다. 인간은 진화론적으로 풀도 먹고 고기도 먹는 잡식 동물이다.

인간이 잡식 동물이라고는 해도 허약했으므로 다른 동물을 사냥해서 고기를 섭취하는 일이 아주 힘들었을 것이다. 그래서 구하기도 쉽고 보관하기도 쉬운 탄수화물이 인간의 주 에너지가 된 것은 당연한 논리다. 인간의 진화도 탄수화물을 섭취해서 건강을 유지하는 쪽으로 발전했을 것이다. 진화는 선조가 경험한 것을 유전자에 차곡차곡 쌓아 후손이 시행착오를 거치지 않고 살아가게 하는 과정이다. 그런 의미에서 인간은 탄수화물을 주로 먹고 가끔 고기를 먹는 것이 건강에 좋다.

그러면 인간이 먹어야 하는 건강한 탄수화물은 자연의 순리대로, 각자 가진 특성대로 자란 식물을 통해서 얻어야 한다. 하지만 인구가 늘어나면서 비료, 살충제, 유전자 조작을 통해서 농산물의 생산량을 늘릴 수밖에 없었다. 인간이 원하는 때 원하는 농산물을 먹기 위해서는 인공적인 재배 과정을 거치는 것은 어쩔 수 없다. 빛을 조절하기도 하고 온실에서 일정 온도를 유지하면서 키울 수밖에 없다.

사람들은 식물이 건강한 땅에서 자라야 건강한 농산물이라고 생각한다. 땅에서 양분뿐만 아니라 땅과 햇빛과 바람의 건강한 기운을 받기 때문이라는 게 이유다. 과학적인 사실로는 식물은 물에 꽂아 두고 성장에 필요한 인, 질소 등 영양분을 넣고 실내에서 광합성에 필요한 인공 빛만 비추면 영양적으로는 똑같이 자란다. 이제까지 인류는 과학적인 분석으로 식물을 키워서 넘처나는 사람들을 굶기지 않고 먹여 살렸고 충분한 영양분을 공급해서 살찌게 했다. 그 공로는 인정받아야 한다.

그런데 지금 와서 돌이켜보니 이런 방법으로 인간이 살찌고 풍족하게 사는 사이 우리 몸속 장내 세균은 나쁘게 변했고 우리 주위의 미생물 또한 개체 수가 급격하게 줄었다. 주위의 이런 변화가 거꾸로 우리 몸을 공격하고 있다. 그래서 나는 다시 옛날 방법을 생각하고 있다. 우리 몸만 사는 것이 아니라 주위를 좀 더 넓게 생각해 보자는 것이다.

인간이 건강해지려면 건강하게 자란 식물을 먹고 건강하게 자란 고기를 먹으면 된다. 이상적인 농산물은 자기가 재배하는 것이다. 많은 사람이 도시 근교에 작은 땅을 마련하거나 퇴직하고 아예 농촌으로 들어가서 농사를 짓는다. 하지만 처음에 무리해서 넓은 땅에 농사를 시작한 사람들이 몇 년을 못 버티고 그만두는 경우를 많이 봤다. 오래 하려면 가까운 거리에 자기가 먹을 정도로 적당한 크기의 땅에 힘들지 않게 시작하는 것이 맞다.

할 수만 있으면 도심에 작은 땅이 딸린 단독 주택에서 사는 것이 좋다. 단독 주택이라면 방범은 어떻게 할 것인지, 춥고 불편하지는 않을지 걱정한다. 그런데 요즘은 건축 기술과 재료가 발달해서 이런 고민을 상당 부분 해소할 수 있다. 무엇보다 약간의

다양한 채소와 과일과 치즈를 담고 소금과 올리브오일로만 간을 한 샐러드

불편을 감내하면 훨씬 큰 만족감을 느낄 수 있다. 나는 처음에 한옥 병원을 지을 때 조경 차원에서 작은 정원을 만들었다. 그런데 요리를 시작하자 정원이 점점 텃밭으로 바뀌었다. 예전에 자연에서 요리하는 곳을 방문했을 때 주인이 요리하다가 잠깐만 기다리라고 하더니 뒷마당에 가서 허브를 한 움큼 뜯어 와서 요리에 넣으면 기가 죽었다. 뭔가 유럽의 어느 한적하고 자연친화적인 장소 같기도 했고 문화적으로 우아함이 느껴졌다.

　나도 언젠가는 이런 우아한 삶을 살겠다고 생각했다. 그래서 작은 텃밭을 만들어 잎채소와 허브를 심었다. 그런데 키워보니 허브는 들에서 자라는 야생화였다. 한번 씨를 뿌리면 특별히 관리하지 않아도 그 이듬해에도 후년에도 무수히 자랐다. 3평 정도의 작은 땅에 한 가족이 먹을 채소가 시도 때도 없이 자랐다. 상추는 1년마다 모종을 심어야 한다고 했지만 겨울에 낙엽을 덮어두니까 추운 겨울을 견디고 이듬해 더 튼튼히 자랐다. 당근은 한번 심었는데 씨가 날아다니면서 텃밭뿐만이 아니라 마당 구석에서도 올라왔다. 루콜라는 지겨울 정도로 자랐고 못 먹고 놔두면 예쁜 꽃을 피웠다. 텃밭은 많은 즐거움을 주고 깨달음도 주었다. 형편이 된다면 도심에 작은 텃밭을 가진 주택을 권유한다.

◆ ◆ ◆

농산물을 전부 유기농으로 먹을 필요는 없다

주택이 아니라도 아파트 베란다에서 화분이나 페트병을 이용해서 충분한 양의 잎채소를 얻을 수 있다. 하지만 대부분 사람에게는 이것조차 쉽지 않다. 그렇다면 구매해서 먹어야 하는데 요즘은 다양한 유기농 온오프라인 매장에서 쉽게 구매할 수 있다. 형편이 된다면 유기농을 찾아도 되는데 영양학적으로 더 우수하다는 증거는 없다. 관행 농법으로 농약을 친 경우도 나쁘지 않다. 대부분 농약은 저독성이다. 시간이 지나면 햇빛과 바람에 의

미국식품의약국에서는 매년 농약에 가장 오염된 12개 품목인 더티 더즌을 발표한다. 2023년에 딸기가 1위를 차지했다.

해서 사라지므로 건강에는 문제가 없다.

　잔류 농약이 있는 것을 가정하여 소금물이나 과산화수소 물에 담가 두었다가 씻는 방법도 있지만 그냥 흐르는 물에 서너 번 씻기만 해도 충분하다. 양배추는 겉껍질을 두세 장 벗기기만 해도 된다. 과일은 껍질과 씨에 영양분이 들어 있으므로 껍질과 씨를 같이 먹으려면 비용을 내더라도 유기농 과일을 먹는 것이 좋다. 아니면 물에 충분히 씻고 껍질과 씨 등은 제거하고 먹는다.

　비용이 부담스럽지 않다면 전부 유기농산물을 먹어도 된다. 하지만 농산물에 따라 잔류 농약 종류나 양이 다르므로 전부 유기농을 골라서 먹을 이유는 없다. 나는 미국의 NGO 단체 정보를 많이 참조한다. EWG_{Environmental Working Group}는 2004년부터 매년 소비자가 많이 찾는 40여 가지 농산물과 과일 중에서 미국 농림부~USDA~와 식품의약국~FDA~에서 제공하는 자료를 분석해서 농약 오염 순위를 매기고 있다. 검사하는 품목은 정해진 기준에 따라 씻고 껍질을 벗긴 후에 잔류 농약의 정도를 조사하고 있다. 매년 농약에 가장 오염된 12개 품목인 더티 더즌~Dirty Dozen~을 발표한다. 2023년에 딸기가 1위를 차지했고 시금치, 케일, 복숭아, 사과, 포도, 체리, 블루베리 등이 뒤를 이었다.

나는 이 자료를 상당히 신뢰하여 안전한 농산물에 관한 자료로 이용하고 있다. 무료로 이용할 수 있고 약간의 연구 기금을 기부해도 된다. 그런데 이것은 단지 참고할 사항이지 우리 실정에 맞는 것은 아니다. 미국 내 농사 특성을 감안하고 이해해야 한다. 예를 들면 우리나라 블루베리 농장에 가보면 대부분 농약을 치지 않는다. 국내에서 블루베리 농장을 여럿 방문한 결과 농부가 조금만 관심을 두면 농약을 칠 필요가 없는 열매라고 대답했다.

그건 미국도 마찬가지일 것이다. 미국 내수용으로 소규모로 농사짓는 농작물은 농약을 안 치는 경우가 많지만 수출용 농산물은 농약을 쳐야 할 경우도 생긴다는 것이다. 딸기, 오이, 복숭아 등은 미국이나 한국이나 똑같이 농약에 대해 주의하라는 공통점이 있다. 그리고 수입 농산물이라도 껍데기가 있는 경우는 비교적 안정된 축에 들어간다. 농약이 속으로 침투하기 어렵기 때문이다. 걱정된다면 아예 껍데기를 벗기고 먹으면 된다.

◆ ◆ ◆
과학적으로는 천연과 인공은 큰 차이가 없다

과거에는 땅만 있으면 농작물이 자연적으로 자라는 줄 알았다. 그런데 아니었다. 농사를 지으니까 현실을 알게 됐다. 농작물이 싹트면 어느 수준은 자라는데 그 이상은 제대로 자라지 않았다. 특히 열매를 맺는 작물은 크지 않았다. 식물이 스스로 견딜 때까지 기다리면 된다고 했다. 하지만 시간이 오래 걸리고 모양도 작고 볼품없었다. 생기는 벌레를 일일이 잡을 수도 없었다. 개인이 재미 삼아 농사짓는 것이라면 수확이나 상품 가치에 신경을 쓰지 않으면 가능하다. 그런데 대규모로 농사를 지으면서 농약 없이 키우는 것은 불가능하다는 것을 알았다. 그리고 농약에 대해서 이해하게 됐다.

사람들은 천연적인 것은 해로움이 없고 인공적인 것은 좋지 않다고 생각한다. 약도 생약이 몸에 좋고 화학 약은 해롭다고 생각한다. 사실은 과학적으로 보면 천연이나 인공이나 성분만 같

농약에 대한 정부 규제도 체계화되고 있다. 농약 사용량 기준도 정하고 독성이 약한 농약을 끊임없이 개발하고 있다.

으면 효과나 부작용에 별 차이가 없다.

채소 이야기를 하면 농약 걱정을 가장 많이 한다. 잔류 농약이 없다고 알려진 유기농을 비싼 값을 치르고 먹는 이유다. 제2차 세계대전이 끝나고 화학제품이 급격하게 개발되면서 농약 분야도 많이 발전했다. 초기 농약은 주로 유기염소제였다. 유기염소제는 화학적으로 안정화돼서 분해가 잘 안 되고 흙에 축적됐다. 축적된 농약을 사람이 섭취하면 건강에 문제가 생긴다는 것이 밝혀져서 사용이 금지됐다. 그 이후 시행착오를 거치고 경험이 축적되고 연구가 진행되면서 요즘은 유기인제 농약을 쓴다. 자연에 잔류하는 기간도 짧고 비교적 안전하다.

농약에 대한 정부 규제도 체계화되고 있다. 농약 사용량 기준도 정하고 독성이 약한 농약을 끊임없이 개발하고 있다. 농약은 용도에 따라 해충을 죽이는 살충제, 세균을 죽이는 살균제, 잡초를 없애는 제초제, 농작물의 생리 기능을 촉진하는 성장촉진제, 식물의 성장을 방해하는 발아억제제 등 종류가 무수히 많다. 식약처에서는 농약을 네 종류로 나눈다.

맹독성	현재 허가된 것이 없다.
고독성 농약	12개(0.9%)로 산림용과 검역용으로만 사용한다.
보통 독성	182개(13%)
저독성 농약	1,202개(86%)

우리가 먹는 농산물은 대부분 저독성 농약을 사용한다. 저독성 농약은 비, 바람, 태양, 미생물 등에 의해 대부분 자연적으로 분해된다. 설혹 잔류 농약이 남아 있더라도 씻거나 조리하면서 몸에 거의 해가 없을 정도로 분해된다. 여기까지는 정부에서 발표하는 일반적인 이야기다. 아마 90% 이상은 맞는 이야기겠지만 일반인이 전적으로 받아들이기 어려운 부분이 있다. 그래서 농약에 관한 의문점과 사실을 재구성해 본다.

◆ ◆ ◆

수입산 농산물보다 국산 농산물이 낫다

국내산은 그렇다 치고 수입 농산물은 안전한가? 우리가 해외 여행을 다녀올 때 다른 나라의 농축산물을 가지고 들어오는 것을 강력히 막는다. 다른 나라의 토양에서 살아가는 다양한 미생물이 국내에 들어오면 생태계를 교란하기 때문이다. 상식적으로 생각할 때 수입 농산물에는 그 나라 토양에서 자라는 다양한 미생물이 붙어 있게 마련이다. 그러니까 미생물을 죽이기 위해서도, 그리고 수입하는 동안 싹이 트지 못하게 하기 위해서도 화학 처리를 하는 것은 당연할 것이다. 물론 과학적으로 안정성이 입증된 것이다. 하지만 아무리 과학적으로 안전하다는 증거가 충분한 농약이라도 안 먹는 게 좋다. 피치 못할 경우가 아니면 수입 농산물을 피해야 한다.

물론 유기농 수입 농산물은 엄격한 기준으로 안전할 수는 있다. 그럴수록 유통되는 동안 부패할 가능성도 커진다. 변질되면 수출입 당사자는 막대한 피해를 보게 된다. 집에서 건강하게 구운 빵을 실온에 3일 정도만 두어도 곰팡이가 생긴다. 그렇다면 유기농일수록 허가된 어떤 조처를 해야 멀쩡하게 우리 손에 들어오리라는 유추를 할 수 있다. 따라서 피치 못할 상황이 아니면 수입 유기농산물이라도 피해야 한다.

　물론 이론적으로는 지금까지의 이야기가 맞지만 많은 농산물이 수입되는 것은 피할 수가 없다. 중국산 농산물이 없으면 높아지는 가격 부담을 감당할 수가 없다. 그럼에도 가격만 생각하고 어쩔 수 없는 일이라고 간단히 보지 말고 좀 더 고민하면서 소비하면 좋겠다. 수입 농산물이 구체적으로 어떤 과정을 거치는지, 얼마나 많은 농산물이 들어오는지, 국내에서 생산되도록 우리가 노력할 부분은 없는지 관심을 가지자는 이야기다. 결국 국내 농산물을 먹는 것이 맞다.

　그러면 전부 유기농으로 먹어야 할까? 유기농에 대한 사람들의 믿음은 대단하다. 유기농 시장은 해마다 매출이 급격히 증가하고 있다. 미국과 유럽 또한 그렇다. 그래서 미국과 유럽에서는 2012년과 2016년에 유기농에 관한 대규모 연구를 해서 합리적인 소비를 권유하고 있다. 참고할 만하다.

　유기농산물은 가격이 비싸지만 잔류 농약 수치가 낮다. 영양학적인 부분은 관행농법이나 유기농법이나 차이가 없다. 약간의 잔류 농약에 대한 문제만 있고 건강상 차이는 거의 없다. 따라서 자신의 소비 수준에서 가격이 부담되지 않는다면 유기농을 먹지만 경제적으로 부담된다면 굳이 유기농을 고집하지 말자. 대신 잔류 농약 처치 방법은 익혀두자. 흔히 채소와 과일을 씻을 때 식초, 소금, 베이킹소다에 담가 두었다가 씻는 방법 등을 이야기하는데 맹물이어도 상관없다. 맹물에 5분간 담가둔 후 흐르는 물에 세 번 정도 표면을 씻는 것만으로도 잔류 농약은 대부분 없어진다.

◆ ◆ ◆
토양과 바다에서 발생하는 중금속이 문제다

문제는 중금속이다. 물질을 이루는 많은 원소 중에서 비중이 5 이상 되는 금속이 중금속이다. 철, 아연, 구리, 코발트와 같이 생체 기능에 꼭 필요한 것을 필수 중금속이라고 한다. 반대로 납, 수은, 카드뮴 등은 유해 중금속이다. 신생아는 중금속 흡수율이 높고 노인은 흡수율이 급격하게 줄어든다. 신생아의 중금속 섭취에 신경을 써야 하는 이유다. 중금속은 몸에 들어오면 잘 분해되지 않고 축적되므로 섭취량이 적을수록 좋다. 적은 양이라도 소변과 대변으로 서서히 배출되므로 배출에도 신경을 써야한다. 중금속이 농약에 들어가는 경우는 거의 없다. 토양이 오염되어 중금속이 축적되고 우리 몸으로 들어오는 경우가 많다. 특히 카드뮴 등은 강과 흙이 오염돼서 생긴다. 그래서 믿을 만한

참치, 문어 등에 메틸수은이 많다.

토양에서 재배되는 농산물을 구매해야 한다.

　생선은 오메가3를 비롯한 좋은 영양소가 많다고 하지만 나는
생선 섭취에 상당히 신중히 접근한다. 특히 생존 기간이 긴 상어,
참치, 문어 등에 메틸수은Methylmercury이 많다. 그리고 전 세계 바
다가 안전하지 않다고 보고 있으므로 생선이 건강에 좋다고 해
서 적극적으로 매일 먹는 식단을 찬성하지 않고 가끔 먹고 있다.

◆ ◆ ◆
식품첨가물은 안전하다고 해도 적게 먹자

방부제로 대표되는 식품첨가물에 대한 일반인의 거부감은 강하다. 빵이 부패하지 않는 것은 맛있게 만들기 위해 많은 양을 넣는 설탕 때문인데도 방부제 때문이라고 얘기하고, 어떤 식품이라도 해롭다고 하면 방부제 때문이라고 얘기한다. 음식을 맛있고 우아하게 보이려는 방법은 옛날부터 있었다. 전을 부칠 때 치자 색소를 이용해서 노란빛을 내기도 했고 새콤한 맛을 내기 위해 오미자즙을 넣기도 했다. 물론 천연 재료였다. 요리가 발달하고 과학이 발달하자 화학 합성품이 음식에 사용되기 시작했다. 식품첨가물이란 식품의 저장, 수송, 처리, 가공, 포장 과정에서 의도적으로 첨가하는 물질을 총칭한다. 세계보건기구WHO에서도 식품의 외관, 저장, 향미 등을 위해 적은 양을 첨가하는 비영양물질을 식품첨가물이라 한다.

식품첨가물을 쓰는 이유가 다양한 만큼 종류도 다양하다. 단맛이 더 나도록 아스파탐 같은 감미료를 사용하고, 똑같은 재료로 모양을 부풀게도 하고, 미생물의 번식을 막고 오래 보존되게 하려고 보존제를 넣고, 맛과 향을 높이려고 향미증진제를 넣고, 신맛을 높이려고 산미제를 넣고, 산화로 인해 부패하지 않도록 산화방지제를 넣고, 기름 재료와 물 재료가 부드럽게 섞이도록 유화제를 넣고, 영양소를 강화하기 위해서 다양한 물질을 넣고, 식품 특유의 색깔을 돋보이게 하고 색을 안정화하기 위해 발색제를 넣고, 원가를 절감하기 위해서도 다양한 식품첨가물을 넣는다. 일일이 이름을 이해할 수도 없는 식품첨가물이 없으면 현재의 식품 산업은 존재할 수가 없다.

현재 일본은 786종, 미국은 1,935종, 유럽연합은 500종의 식품첨가물을 허용하고 있다. 우리나라는 600여 종을 허용한다. 물론 식약처에서는 식품첨가물에 대해서 1일 최대섭취허용량ADI을 연구하고 주기적으로 발표한다. 이 자료는 믿을 만하다. 하지만 냉정하게 얘기하면 과학적으로는 안전해도 식품첨가물은 적게 먹을수록 좋다. 그러니까 답은 밖에서 음식을 먹지 않는 것이다. 주로 집밥을 먹다가 사회생활을 하면서 어쩔 수 없이 밖에서 먹거나 한 번씩 기분 전환으로 외식하는 것은 괜찮다. 하지만 밥하기가 귀찮다고 밖에서 자주 밥을 사 먹는 것은 피하자.

3

제철 농산물을 먹어야 한다

◆ ◆ ◆

제철 농산물은 파이토케미컬 때문에 중요하다

지구상에는 많은 식물이 있고 각자 특성도 다르다. 아직 눈이 녹지 않은 초봄에 언 땅을 뚫고 올라와 피는 꽃도 있고 찬 서리가 내리는 늦가을에 피는 꽃도 있다. 하늘 높이 키를 키우는 나무도 있고 큰 나무 밑에서 햇빛 하나 없이 땅에 붙어 자라는 풀도 있다. 땅이 부드럽고 영양분이 많아서 땅속 깊이 곧은 뿌리를 내리는 것도 있고 물이 부족한 메마른 땅에서 구불구불하게 뿌리를 내리는 것도 있다. 좋은 향으로 온갖 곤충을 불러 모으는 꽃도 있지만 냄새가 고약해서 곤충이 도망가버리는 꽃도 있다. 햇빛의 양이나 온도에 따라서 빨간빛이나 노란빛을 띠기도 한다.

이처럼 각 식물이 가진 다른 특성을 전체적으로 파이토케미컬이라고 한다. 파이토phyto 는 식물을, 케미컬chemical 은 화학물질을 뜻한다. 즉 움직일 수 없고 다른 무기가 없는 연약한 식물이 상대방의 위험으로부터 살아남기 위해서 화학물질을 낸다는 말이다. 동물이 식물을 먹을 때 이런 다양한 파이토케미컬을 먹어야 건강하다고 하는 이유는 각 식물의 파이토케미컬이 다양한 영양소를 가지고 있기 때문이다. 오랜 시간 동안 식물은 잎이 나고 꽃이 피고 열매가 맺는 시기를 택해서 다양한 영양분을 축적해 왔다. 우리는 이런 농산물을 먹어야 한다.

파이토케미컬이 중요한 이유가 또 있다. 단순히 영양소 문제뿐만 아니라 우리 몸에 들어 있는 환경호르몬을 배출하는 데도 탁월한 효과가 있기 때문이다. 제철 농산물이란 식물의 파이토케미컬이 충분히 있다는 이야기다. 온실에서 빛이나 온도를 조절한 농산물은 모양은 같지만 올바른 파이토케미컬은 적다는 말이다. 나는 예전에는 좋은 농산물이 나오면 많은 양을 구매해서 말리고 삶고 냉동해서 1년 내내 먹었다. 이제는 제철에 나올 때 맛있게 많이 즐긴다. 철마다 나오는 농산물은 종류가 넘쳐난다. 대부분 사람이 항상 무얼 먹을까 걱정하는데 자신이 1년 동안 먹는 것을 적어보라고 하면 종류가 몇 개 되지 않는다는 사실을 알게 된다. 눈을 돌리면 먹을 수 있는 것이 수십 종류다. 1년 내내 깻잎이나 상추만 찾지 말자.

◆ ◆ ◆

근거리의 농산물을 제철에 구매하는 것이 좋다

수입 농산물에 대한 검역은 아주 까다롭다. 과학적으로도 안정성이 입증돼야 들어올 수 있다. 당연한 이야기다. 그런데 검역으로 안전하다고 인정되는 과정을 들여다보면 마냥 안심 못 하는 부분이 있다. 농약의 안전성이 농산물을 수입하는 나라마다 다르고 시간에 따라 달라짐을 볼 수 있다. 다시 말하면 무역 당사국과의 무역 관계나 허용량의 인정 기준에 따라 바뀌게 된다.

예를 들면 현재 제초제에서 가장 논란거리는 글리포세이트 Glyphosate 다. 친환경 제초제로 알려져 수십 년간 주목받은 몬산토사의 제품으로 2015년 세계보건기구에서 발암물질로 규정한 이후 지금까지 유해성에 대해 재판 중인 물질이다. 일부분 유해성이 인정되고 엄청난 액수를 배상했지만 논쟁은 계속되고 있다. 이 글리포세이트가 쌀에는 허용량이 0.05ppm인데 미국산 수입 밀에는 허용량이 쌀의 100배인 5ppm이다. 똑같은 농산물인데 허용량의 차이가 나는 것은 수입국 간의 여러 가지 협상의 결과물이 아닐까? 자세한 내용은 알지 못하지만 결국 허용량이란 것이 여러 상황에 따라 바뀔 수도 있으므로 반드시 안전을 보장받은 것은 아니란 사실이다.

수입 농산물을 피하는 대안은 근거리 농산물을 제철에 구매하는 것이다. 수입 농산물은 말할 필요도 없고 국내라고 해도 멀리서 오는 것은 신선도가 많이 떨어진다. 신선도를 유지하기 위해서 여러 조치를 하므로 건강하지 않을 수 있다.

◆ ◆ ◆
생태계를 생각하는 농산물 직거래를 시도하다

지금까지 얘기한 것은 개인이 건강한 농산물을 얻기 위해서할 수 있는 널리 알려진 일반적인 이야기다. 나는 좀 더 체계적으로 건강한 농산물을 구하는 방법을 시도하고 있다.

농사를 짓는 분 중에는 땅을 살리고 건강한 농산물을 생산하는 것을 고집스럽게 추구하는 분들이 있다. 하지만 중간거래업자가 끼어드는 순간 원칙이 무너지게 된다. 원하는 모양, 크기, 가격을 맞춰야 하므로 원칙을 추구하기가 어렵다. 먹고살아야 하므로 그렇기도 하다. 소비자는 값이 좀 비싸더라도 믿을 만한 건강한 농산물을 직접 구매하기를 원한다. 하지만 어디서 누구에게 구매해야 하는지 알기 쉽지 않다. 그래서 수십 년 전부터 많은 사람이 생산자와 소비자가 직접 거래할 방법을 시도했지만 성공하지 못했다. 원리는 아주 간단한데 왜 안 되는 것일까?

나 또한 시도해 보았다. 많은 사람이 관행농법으로 농약을 치는 농산물은 안전하다고 하지만 그래도 먹기가 싫다. 유기농 매장의 농산물은 안전한 것은 알겠는데 대량 생산에 따른 정해진 크기와 모양에 맞춰 생산하므로 또 마음에 들지 않는다. 그래서 제대로 농사를 짓고 있는 농부를 직접 찾아 나섰다. 농민 중에도 무너지는 땅을 어떻게 살릴지 고민하고 건강한 농산물을 생산하기 위해 노력하는 분이 많았다. 그들이 큰돈을 벌지는 못해도 한 가족을 부양할 정도로 안정적인 생활을 할 수 있게 해줘야 한다고 생각했다.

한 농민당 30~40명 정도의 고객이 연결되면 농부는 양심껏 농사를 짓고 소비자는 믿을 만하고 좋은 농산물을 먹을 것 같았다. 내가 음식 강의를 다니면서 이런 꾸러미 사업에 관해 이야기했더니 반기는 사람들이 많았다. 금방 2호 농민, 3호 농민을 소비자와 연결할 수 있을 것 같았다. 그런데 소비자가 농산물은 공산품과 다르다는 것을 이해하지 못해서 실패했다. 농산물을 보내기로 했는데 갑자기 냉해가 닥치고 폭풍이 몰아치거나 오랫동안 비가 오면 농산물을 보낼 수가 없게 된다.

이런 상황을 이해하는 사람도 있지만 좋은 농산물을 먹고자 선금까지 냈는데 지금 와서 못 보낸다는 것을 받아들이지 못하는 사람도 있었다. 소비자는 단순히 돈을 내고 건강한 농산물을 먹겠다고 생각할 수 있지만 농민은 농사짓는 과정에서 다양한 변동성을 예측할 수 없다. 나는 이 관계가 오래 유지될 수 없는 구조인 것을 깨달았다. 간단한 일이 아니었다. 그래도 생산자와 소비자 간의 직거래는 포기할 수 없는 장점이 있다고 생각한다. 그래서 몇 가지 아이디어를 구상하거나 시도하고 있다.

◆ ◆ ◆

건강한 농산물 보증 제도나 플랫폼을 꿈꾸다

농촌을 여행하다 보면 길거리에서 주민이 과일이나 채소를 조금씩 놓고 판다. 무언가 정감 가는 부분도 있고 그 지역에서 소규모로 약간씩 농사지었을 테니 건강한 것으로 생각했다. 전국의 5일장을 돌아다니면서 철 따라 나는 농산물을 구매하는 것도 건강한 농산물을 구매하는 방법이라고 생각해서 일부러 여행겸 다니기도 했다. 그런데 누군가 그런 농산물도 그 지역에서 나온 것이 아닐 뿐더러 개인이 약을 안 치고 소규모로 건강하게 키운 것이 아니고 대규모 중간 상인이 공급한 것이라 믿을 수 없다고 얘기했다. 그럴 수도 있겠다는 생각이 들었다. 오염되지 않은 땅에서 나온 것인지, 농약을 치지 않았는지, 차가 많이 다니는 큰 도로 주변의 밭에서 나온 것인지 알 수가 없었다.

요즘은 농촌 지역마다 큰 농산물 시장이 있다. 그런 매장의 농산물도 어떻게 재배된 농산물인지 인증된 것이 없고 그냥 그 지역의 이름만 적어놓고 소비자가 판단하게 되어 있다. 생산자 이름이 찍힌 것도 있지만 그 농부가 누구인지, 어떻게 재배된 농산물인지 믿을 만한 시스템이 없다. 그 이후 길거리에서 할머니가 파는 채소나 판매장의 농산물은 구매하지 않는다. 아쉬움이 크다. 우리 농산물을 이용하자는 캠페인도 좋지만 각 지자체나 농협 같은 단체에서 믿을 수 있는 기준을 세우고 관리하고 납품받는 제도가 있어서 사람들이 이런 제도를 믿고 사 먹을 수 있도록 하면 좋겠다.

도시의 큰 전통시장도 마찬가지다. 나는 전통시장이라는 말만 들어도 가슴이 따뜻해지는 추억이 있다. 어린 시절 엄마를 따라 큰 시장에 가면 사람 구경도 하고 사 먹는 간식도 그렇게 맛있을 수가 없었다. 그런 추억 때문인지 다른 도시를 가거나 해외 여행

할 때도 전통시장을 찾아가는 것은 추억을 일깨우는 큰 즐거움이었다. 그런데 어느 순간부터는 가지 않는다. 외국이나 우리나라나 전 세계 모든 전통시장이 거의 비슷한 형태로 변해버렸다. 뉴욕이나 런던이나 서울이나 전통시장이 똑같아졌다. 관광객의 입맛에 맞게 음식이 변했고 물건도 변했고 믿을 수가 없게 됐다. 내가 예민하게 생각하는 것인지 모르지만 아쉽다.

요즘 국내에서 큰 시장은 야시장이 대세다. 대형 마트에 맞서서 전통시장을 살리기 위해 일요일 휴무제를 번갈아 시행하기도 하고 야시장을 열면서 변신을 시도하고 있다. 하지만 나는 전통시장에서 농산물을 구매하지 않는다. 싼 맛은 있지만 믿을 수가 없다. 전국의 야시장은 거의 똑같다. 건강한 농산물 먹거리를 파는 것이 아니라 굽고 튀긴 간식거리 위주의 먹거리가 주를 이룬다.

이렇게 특징 없이 운영하지 말고 각 시장이 플랫폼으로서 보증을 서고 건강한 먹거리를 사고파는 장소를 만들면 어떨까? 내가 이야기한 이런 작은 시도들이 다양하게 이루어지는 장소를 가보면 그렇게 어려운 일 같지는 않다. 일요일에 생산자와 소비자가 직접 만나는 장터를 가보면 젊은 사람들이 많이 참여하는 것을 볼 수 있다. 가족을 데려와서 농산물도 사고 먹거리도 사 먹는 이런 문화 자체를 즐기는 것 같다. 믿을 수 있는 플랫폼을 만든 사람들의 노력이 있기에 가능한 일이다. 각 지자체, 농민 단체, 전통시장에서 이들의 노력이 지속되고 확대될 수 있도록 지원한다면 생산자와 소비자의 선택의 폭이 넓어지지 않을까?

지금 내가 시도하는 아이디어로는 건강한 장터 모음이 있다. 내 주위에는 현직에서 은퇴한 후 귀농하거나 취미 삼아 작은 밭 농사를 짓는 사람들이 있다. 이들은 혼자만 먹을 정도로 짓지는 않는다. 종류도 많고 양도 많다. 비료는 넣지만 농약을 치지는 않는다. 자기가 먹는 농산물이므로 믿을 만하다. 건강한 농산물이 생기니까 주위에 나눠주는데 주는 사람이나 받는 사람이나 모두 부담스럽다.

주는 사람은 농산물을 땅에서 뽑아서 바로 줄 수가 없다. 농사를 지어본 사람은 안다. 농산물은 키우는 것도 일이지만 수확하는 것도 힘들다. 땅에서 뽑는 것도 힘들고 흙을 털고 깨끗하게 다듬는 것도 보통 일이 아니다. 받는 사람도 부담스럽기는 마찬가지다. 그냥 받기는 미안하니까 무엇이라도 선물해야 한다. 자기가 원하지 않는 농산물일 수도 있다. 무엇보다도 받는 농산물을 어떻게 먹어야 할지도 모르고 귀하게 생각하지 않으니까 심지어 못 먹고 버리기까지 한다.

나는 여기에서 착안했다. 취미로 생산하는 농산물을 한 달에 한 번씩 병원 마당에 가져오고 관심 있는 소비자가 와서 소비하는 것이다. 몇 번 하지는 않았지만 참여자의 만족도가 아주 높다. 취미로 농사짓는 사람은 큰 수입을 바라는 것이 아니어서 직접 지은 농산물을 가져와서 파는 재미가 있고 소비자는 믿을 만한 농산물을 유기농 상점보다 싸게 사는 재미가 있기 때문이다. 또한 그 자리는 건강한 재료와 요리에 대한 정보를 나누는 장소이기도 하고 교육의 장이기도 하다. 이런 움직임이 어떤 형태로 나아갈지는 모른다. 다만 내가 제공하는 공간이 사람들이 서로 물건을 교환하고 먹거리를 통해서 생태까지 생각하는 건강한 문화의 장터가 되는 것을 꿈꾸고 있다.

생선이나 고기는 우리가 직접 키울 수 없으므로 건강한 것을 구하는 데 한계가 있다. 그럼에도 생선이나 고기가 어떻게 우리 식탁에 오르는지 생각을 해봤으면 한다. 많이 먹는 소, 돼지, 닭과 같은 가축이 건강하게 키워지지 않는다는 것은 모두 잘 알고 있으므로 간단히 몇 가지만 얘기하고자 한다.

◆ ◆ ◆

채식이 육식보다 건강에 좋은 것은 분명하다

현재 가장 많이 먹는 고기는 닭이다. 전 세계에서 1년에 먹는 닭의 수가 650억 마리다. 우리나라에서는 1년에 10억 마리를 먹는다. 하루로 계산하면 270만 마리를 먹는다. 어떻게 이렇게 많은 닭을 키울 수 있는지는 잘 모른다. 그런데 상상할 수는 있다. 건강하게 키우지는 않을 것 같다. 소와 돼지도 같은 사정이라고 알고 있다.

생선은 대부분 양식이다. 치어를 풀어서 대양으로 나갔다가 자라서 다시 강으로 올라온다는 연어를 건강에 좋은 생선으로 알고 있다. 하지만 대부분이 연안 바다의 거대한 양식장에서 키운 것이다. 연어에서 환경호르몬이 가장 많이 배출된다는 사실을 얘기하면 대부분이 믿을 수 없다고 깜짝 놀란다. 그리고 바다가 오염되고 고래 배 속에서 어마어마한 플라스틱 찌꺼기가 나온다는 보고를 보면 대부분 생선 또한 건강하지 않으리라 짐작할 수 있다. 비관적으로 이야기하는 사람은 현재 모든 생선은 미세 플라스틱이나 중금속에 오염돼 있다고 경고한다.

나는 처음에 이런 사실을 알고는 고기나 생선을 먹기 싫었다. 그리고 채식이 현재의 혼란한 상황에서 최선이라고 확신하면서 제대로 하자는 의미에서 여러 단계의 채식 중에서도 고기, 생선, 유제품까지도 먹지 않는 비건을 선택했다. 개인적으로는 아주 좋은 경험이었다. 계속 이런 식생활을 하면 좋겠다고 생각했다.

그런데 주위의 반격이 만만찮았다. 우선 밖에서 사람들을 만날 때 내가 선택할 수 있는 메뉴에 제약이 많았다. 아직 국내에서는 채식 식단을 배려하는 식당이 드물다. 냉면만 해도 고기 건더기는 빼더라도 국물이 무엇으로 만든 것인지 정중하게 물었지만 별걸 다 묻는다는 투로 그냥 괜찮다고 했다. 그런데 알고 보니 고기를 우려낸 국물이었다.

모든 모임에서 나는 항상 구석 자리로 밀려났다. 무엇보다 비아냥에 가까운 공격을 받을 때가 힘들었다. 내가 남에게 무슨 해를 끼친 것도 아니고 그냥 채식만 하겠다는데 공개적으로 적대감을 나타내는 경우도 있었다. 세상을 왜 그렇게 별나게 사느냐는 훈계도 들었다. 그리고 만나는 사람들도 점점 줄어들었다. 그러다가 채식은 단순히 식물만 먹겠다는 의미가 아니라 다양한 사회적이고 종교적인 의미가 포함되어 있다는 것을 알게 됐다. 그래서 나는 원칙을 바꾸었다. 이제는 유연하게 대처한다. 혼자 식사할 때는 채식 위주로 하고 다른 사람을 만날 때는 아무것이나 먹는다. 속이 편하지는 않지만 마음은 편하다.

고기를 먹는 것에 대한 내 생각은 아직 유연하다. 채식만 했는데도 대장암에 걸리고 고혈압, 당뇨, 고지혈증이 생기기도 한다. 평생 고기만 먹어도 아무런 병 없이 건강한 사람도 있다. 하지만 대규모의 메타분석 연구에서 나타난 바로는 확률적으로 채식이 건강에 좋은 것은 분명하다. 그리고 고기도 붉은 고기는 심장 등 혈관에 해로운 것은 분명하다. 나는 고기와 생선의 섭취는 여전히 최소한으로 하고 있다. 고기를 먹을 때는 기름을 제거하고 살코기만 먹는다. 생선은 오래 살고 크기가 클수록 오염에 노출되는 확률이 높다. 고등어 크기 이하의 생선을 먹고 문어나 고래와 같이 오래 사는 어류는 피하고 있다.

채식은 지구 환경을 위해서 필요한 일이다

채식이냐 육식이냐를 떠나서 생태적인 의미를 생각했으면 한다. 땅에는 수만 종의 동식물이 살고 바다에도 수만 종의 생선이 살고 있다. 그런데 인간이 많이 먹는 고기는 불과 서너 종류를 넘지 않는다. 소, 돼지, 닭이 주를 이루고 나머지는 양, 염소 등이다. 맛이 있다고 마블링을 만들어 소고기를 먹고 소주를 마실 때 안주는 깻잎에 싼 삼겹살만 즐기고 바삭한 튀김 맛에 닭고기만

가끔 별식으로 샐러드에 구운 고기를 곁들여 먹는다.

먹는다. 생선 또한 먹는 종류가 10여 종을 넘지 않는다. 오메가 3가 많다고 고등어, 꽁치 같은 등 푸른 생선을 많이 먹고 횟감으로 광어를 비롯한 몇몇 생선만 찾는다. 이러한 수요를 맞추기 위해 몇 종류 생선만을 위한 양식장이 늘어나고 다른 종들은 바다에서 수가 점점 줄어든다.

매년 지구에서 많은 수의 생물 종이 없어진다는 보고가 나온다. 이런 사실을 일반인은 잘 모르고 있지만 생태학자는 종의 다양성이 줄어드는 것을 심각하게 걱정하고 있다. 지구 환경의 위기에 관한 이야기가 어느 때보다 많다. 지구온난화를 이야기하고 북극의 빙하가 녹는다고 이야기하고 날씨의 변화를 몸으로 느끼면서 기후 위기를 걱정한다. 사람들은 지구의 위기가 한꺼

번에 터져서 큰일 날 것으로 알고 있지만 지구의 위기는 단계적으로 온다. 가장 중요한 시작점은 지구에 생존하는 생물 종이 감소하는 것으로 본다. 누군가는 지구의 위기에 대응할 해결책을 플라스틱 사용을 줄이고 탄소 배출을 줄이는 것으로 알고 있다. 하지만 더 중요한 것은 지구에 있는 생물 종이 사라지는 것을 걱정해야 한다.

2억 7,000만 년이나 활발하게 살고 있던 공룡이 7,000만 년 전에 갑자기 사라진 것은 행성이 지구에 충돌하거나 빙하기가 와서 일시에 없어진 것으로 많이 알려져 있다. 그런데 생물 다양성에 변화가 일어나면서 지구에 문제가 생겼고 결과적으로 지구 최상위 포식자인 공룡이 단계적으로 멸망한 것이 더 설득력을 얻고 있다. 그런 의미에서 보면 다양한 재료로 음식을 먹는다는 것은 지구 환경을 위해서도 꼭 필요한 일이다.

4

유전자 조작 식품을 어떻게 볼 것인가

◆ ◆ ◆

획기적이지만 증명되지 않아서 부담스럽다

GMO라는 약어로 널리 알려진 유전자 조작 농산물Genetically Modified Organism에 대한 논란이 뜨겁다. 유전자 조작 기술이 발전하면서 농산물의 생산량이 늘고 과학적인 안정성이 입증됐다고 주장한다. 하지만 해로움에 대한 반대 의견도 상당히 많다. 심리적인 거부감도 무시하지 못한다.

20세기에 들어서 발전한 농산물의 품종 개량은 인류에게 질적으로 양적으로 많은 도움을 주었다. 씨 없는 수박을 만들기도 하고 통일벼를 개량해서 배고픔을 해결하고 더 맛있는 농산물을 먹도록 해주었다. 품종 개량은 비슷한 품종끼리 잡종교배를 하고 결과를 분석해서 더 좋은 품종으로 발전시켜나간다. 당연히 오랜 시간이 걸리는 과정이었다. 그런데 유전자 연구가 발전하면서 유전자 가위로 전혀 다른 종끼리 유리한 유전자를 서로 옮길 수 있게 됐다. 이 기술은 품종 개량의 범위를 훨씬 확대할 뿐더러 시간도 단축되는 장점이 있다.

GMO 식품의 시초는 1994년 미국 칼젠 사가 개발하고 실용화한 무르지 않는 토마토로 보고 있다. 단단한 토마토는 익으면 무르기 시작한다. 유통하는 입장에서는 바람직한 현상이 아니다. 이에 칼젠은 넙치에서 발견한 단단함을 유지하는 유전자와 토마토 유전자를 교차 감염을 시킨 결과 원하는 토마토를 얻어냈다. 그러나 맛이 그렇게 좋지는 않아서 널리 퍼지지는 않았다.

GMO 식품이 다시 주목받기 시작한 것은 몬산토라는 미국의 거대 기업 때문이었다. 제2차 세계대전 이후에 화학 산업이 발전하면서 농산물 분야에서 제초제가 단연 돋보였다. 농사를 지어본 사람들은 안다. 농사는 결국 잡초와의 싸움이다. 그런데 이런 잡초를 감쪽같이 없애는 제초제가 나오자 금방 주목받았다. 베트남 전쟁은 미군과 비정규군인 베트콩이 밀림에서 벌인 전투에서 승부가 났다. 미군은 적군과 더불어 밀림의 나무와도 싸워

1970년대에 제초제 라운드업을 분해하는 유전자를 옥수수에 이식해 GMO 옥수수를 만들었다.

야 했다. 그때 밀림을 없애기 위해서 많은 고엽제가 공중 살포됐다. 그런데 전쟁에서 돌아온 미국 병사들에게 이상한 병이 생기는 것을 발견하고 추적검사를 했다. 이를 통해서 밀림의 나무를 제거하기 위해 사용했던 고엽제가 원인이라는 것이 밝혀졌고 제초제는 농업 분야에서도 사라지게 된다.

그런데 몬산토에서 1970년대 친환경 제초제로 알려진 라운드업을 개발했다. 이 제초제로 몬산토는 엄청난 돈을 벌게 되고 독보적인 위치를 차지하게 된다. 그런데 제초제인 라운드업을 생산하는 공장 근처 흙에서 라운드업을 분해하는 박테리아가 생존하는 것이 발견됐다. 이런 현상을 주의 깊게 관찰한 과학자가 이 박테리아 유전자를 옥수수에 이식해 유전자를 조작함으로써

GMO 옥수수를 만들었다.

이 제품은 엄청난 환영을 받았다. 라운드업 제초제를 뿌리면 귀찮은 풀은 죽고 GMO 옥수수는 잘 자라기 때문이었다. 두 마리 토끼를 잡은 획기적인 방법이었다. 이후 많은 분야에서 GMO 식품은 폭발적인 증가세를 보인다. 그런데 몬산토가 2018년 독일 바이엘에 인수된 직후 라운드업 제초제의 주성분인 글리포세이트_{glyphosate}가 2군 발암물질일 수도 있다는 주장이 나와 소송에 휘말리면서 엄청난 손해금을 지급하게 됐다. 급기야 2018년에 나스닥에서 폐지됨으로써 GMO 식품에 대한 또 다른 논란거리를 이어가고 있다.

GMO 식품에 대한 의견은 복합적이다. 늘어나는 인구에 맞추어 농산물을 더욱 값싸게 공급한다는 강점이 있지만 증명되지 않은 부작용 때문에 선뜻 사용하기도 부담스럽다. 이미 GMO 식품은 우리 주위에 널리 퍼져 있다. 2022년 한국생명공학연구원 발표를 보면 GMO 수입 농산물은 1년에 1,105톤에 이른다. 42억 6,000만 달러에 해당하는 규모다. 85%에 이르는 대부분이 가축을 키우는 사료용이다. 여기서 90%는 옥수수이고 나머지는 대두가 차지한다.

우리가 직접적으로 먹는 1차 농산물에는 GMO인지 아닌지 표기해야 한다. 하지만 옥수수 전분으로 만드는 액상과당이나 대두로 만드는 단백가수분해물 같은 가공품에는 표시하지 않는다. 대부분 과자나 라면 등에는 액상과당이나 단백가수분해물이 들어간다. 동물 사료도 반드시 표시해야 한다는 규제가 없다.

◆ ◆ ◆

GMO 식품은 시간을 두고 신중하게 접근해야 한다

나는 GMO 식품을 원천적으로 반대하지는 않는다. 과학적으로 보면 아직 결정적인 위험이 증명된 것이 없다. 라운드업의 주성분인 글리포세이트가 2군 발암물질로 규정됐지만 2군 발암물질에는 붉은 고기와 얼마 전부터는 잔탁 같은 약이 들어 있다. 글리포세이트가 장내 세균을 죽이고 세로토닌을 억제해서 우울증이나 우리나라 자살률 1위와 관계 있다고도 주장한다. 하지만 너무 나간 주장인 것 같다. 이것은 원자력 발전과도 같다. 원론적으로는 위험하니까 사용하지 않으면 제일 좋다. 그런데 원전을 중단하고 비싼 전기료를 지급할 것인지와 GMO 식품을 금지하고 비싼 값에 콩과 옥수수를 사 먹을 것인지 판단해야 한다.

그렇다고 무조건 찬성할 수는 없다. 과학적인 사실은 상당 부분 맞지만 시간이 지나면 어느 순간 아니라는 결론이 나오기도 하고 의외의 결론이 나오기도 한다. GMO 식품이 탄생한 것을 보면 조심스럽다. 제2차 세계대전 후 처음에 사용한 제초제는 주목받았다. 그런데 시간이 지나 해로움이 증명되자 친환경 제초제라는 라운드업이 개발되고 수십 년간 사용됐다. 또 시간이 지나자 라운드업의 주성분인 글리포세이트가 2군 발암물질로 분류되고 먹는 것을 조심하라고 권고하고 있다.

사실 더 근본적인 의문이 든다. 몬산토가 개발한 제초제 라운드업을 사용해 풀을 제거했다. 그런데 시간이 지나자 제초제 라운드업을 분해하는 박테리아가 발견된 것이다. 그것을 상품화한 것이 GMO 옥수수의 시초였다. 이 사실에서 두 가지를 알 수 있다. 하나는 현재 과학적으로 아무리 안전하다는 결론을 내렸더라도 시간이 지나면 사실관계가 바뀔 수도 있다는 것이다. 즉 GMO 식품이 인간에게 어떤 문제를 일으킬지는 아무도 모른다. 또 하나는 과학이 아무리 발전해도 자연과 세균을 완벽하게 이길 수 없다는 사실이다. 시간이 지나면 강력한 제초제도 잡아먹는 균이 나오는 것을 보면 알 수 있다. GMO 식품이 나온 지 30년밖에 되지 않았다. 안전한지는 좀 더 시간을 두고 봐야 한다.

마지막으로 다른 의미에서 GMO 식품을 신중하게 장기적으로 접근했으면 한다. 현재 많은 GMO 식품이 인스턴트식품에 사용되고 있다. 값싸고 강한 맛을 내기 때문이다. 입맛을 순하게 하고 맛깔스러운 인스턴트식품을 멀리하면 자연스럽게 GMO를 섭취하지 않게 된다. GMO 식품이 어디에 많이 사용되는지 생각하고 소비를 줄이는 것이다. 그리고 1차 식품은 GMO를 표시해야 하므로 확인하고 이용하도록 하자.

4장

언제 어떻게
먹을 것인가

1

건강한 조리 방식을 선택해야 한다

◆ ◆ ◆

조리 방식에 따라 건강해지기도 해로워지기도 한다

음식을 먹는 방법에는 생으로 먹기, 삶아서 먹기, 굽거나 튀겨서 먹기가 있다. 인류가 원시생활을 하면서 날것을 먹다가 불을 발견한 것은 단순히 배를 불리기 위한 수단을 벗어나서 요리라는 개념이 탄생하게 된 엄청난 변화였다. 모든 음식 재료에 열을 가하면 여러 가지 화학 변화가 일어나면서 부드러워지기도 하고 맛이 풍부해지기도 한다. 요리가 발전하면서 점점 더 불을 이용한 방법들이 발명됐다. 스테이크를 굽더라도 풍미를 더하기 위해 굽는 방법이나 조리 기구를 따지기도 한다. 많은 사람이 알고

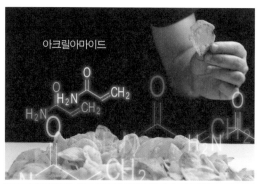

마이야르 반응

있는 마이야르 반응Maillard reaction도 그중 하나다.

그런데 재료에 열을 가하면 일어나는 화학적 반응에서 건강에 해를 끼치는 물질이 나오기도 한다. 대표적인 것이 탄수화물이 타면서 나오는 아크릴아마이드acrylamide다. 또 당 성분이 타면서 단백질이나 지방과 반응해서 나오는 당독소glycotoxin가 있다. 이런 물질들이 전부 우리 몸에 문제를 일으키는 것은 아니다. 커피를 높은 열에 볶으면 아크릴아마이드가 나와서 커피가 2B군 발암물질에 들어간다. 하지만 커피에 들어 있는 더 많은 다양한 화학물질은 건강에 좋은 물질이므로 커피를 마신다고 해서 건강을 해치지는 않는다. 마찬가지로 요즘 많은 곳에서 지적하는 당독소는 문제가 있는 물질이다. 하지만 적당한 정도의 당독소는 우리 몸이 충분히 감당할 수 있다. 신장으로 배출하기도 하고 당독소를 중화하는 효소도 분비한다.

우리 몸이 음식을 에너지로 변환하는 과정에서 여러 가지 해로운 물질들이 생긴다. 단백질을 사용하면 암모니아가 생기는데 암모니아는 몸에 해로우니까 소변으로 배출한다. 큰 수술을 한 환자가 회복할 때까지 중환자실에서 지낸다. 이때 외과 의사가 하는 일 중에 제일 중요한 것이 링거로 공급할 수분량을 결정하는 것과 매시간 소변량이 제대로 나오는지 점검하는 것이다. 소변이 안 나오면 독소 때문에 요독증에 걸려 생명이 위험하므로 밤새도록 환자 옆에 붙어서 소변이 나오도록 하는 것이 전공의의 역할이다. 소변을 쥐어짠다는 표현을 쓴다. 이렇게 우리 몸은 에너지를 만드는 동안 독소도 많이 생기지만 배출하는 훌륭한 시스템을 가지고 있다. 그렇다고 해도 몸에 독소가 생기는 부담은 적을수록 좋다.

◆ ◆ ◆

일반적으로 생으로 먹는 게 제일 좋고 굽는 게 안 좋다

채소는 생으로 먹거나 찌거나 굽는 등 먹는 방법이 다양하다. 하지만 고기나 생선은 대부분이 생으로 먹기는 힘들고 찌거나 구워서 먹어야 한다. 채소는 생으로 먹는 것이 다 좋은 것은 아니다. 영양소를 살리고 건강한 것도 있고 생으로 먹으면 오히려 해롭거나 영양소가 활성화되지 않아서 효과가 떨어지는 것도 있다. 하지만 큰 틀에서 이야기한다면 모든 음식은 생으로 먹는 것이 가장 건강하고 그다음은 삶아서 먹는 것이고 굽거나 튀긴 것이 가장 해롭다.

하지만 맛으로 따지면 거꾸로다. 예를 들면 고구마는 식이섬유가 풍부하고 먹으면 혈당이 올라가는 수치를 나타내는 혈당지수GI가 55로 건강한 음식이다. 그런데 생으로 먹는 것과 찌거나 구워서 먹는 것을 비교하면 다르다. 찌면 당도가 조금 더 올라가고 구우면 당도와 혈당지수가 두 배나 높아진다. 당뇨 환자가 고구마를 생으로 먹는 것은 허용하지만 구워서 먹는 것을 금지하는 이유가 여기에 있다. 감자도 삶은 감자는 건강하게 먹을 때 권유하는 음식이지만 기름에 튀긴 포테이토칩은 절대적으로 금지하는 음식이다.

감자와 고구마는 삶아서 먹는 것이 좋다.

　그렇다면 요리할 때 건강을 위주로 할 것인지, 맛을 위주로 할 것인지 개인이 선택해야 한다. 자신은 그런 것은 따지지 않고 맛있는 것만 먹다가 그냥 죽을 때가 되면 죽겠다고 무책임하게 판단해서는 안 된다. 나는 대부분 채소를 생으로 먹거나 쪄서 먹는다. 사람에 따라서 생으로 먹는 것이 위장에 부담스러울 수도 있다. 그런 경우는 삶아서 먹거나 식초나 발효액 같은 것으로 무쳐서 먹는 것도 한 방법이다. 원칙은 생각하되 자기한테 맞는 조리법을 택하면 된다. 맛은 주관적인 감각이다. 맛의 역치를 낮춰 맛에 대한 감각을 순하게 해두면 보다 건강한 조리법을 선택할 수 있다.

　그리고 요리의 역사를 생각해 보면 채소는 생으로 먹는 것보다 열을 가해서 먹으면 맛도 있고 소화도 잘되고 혹시 있을지 모르는 세균 살균 효과도 있으니까 열로 조리하는 방향으로 발전했을 것이다. 채소에 열을 가하면 약간의 성분은 파괴될지 모르

생선과 고기에 열을 가하면 헤테로사이클릭아민이라는 발암
물질이 나온다.

지만 유해 물질이 생기는 것도 아니니까 열을 이용해서 요리하
는 것이 나쁘지는 않다. 하지만 생선과 고기에 열을 가하면 헤테
로사이클릭아민HCAs, heterocyclic amines이라는 발암물질이 나온다. 탄
수화물은 160도 이상의 고열을 가하는 경우 아크릴아미드라는
유해 물질이 나온다.

◆ ◆ ◆

요리할 때 발생하는 연기가 암의 원인이 될 수도 있다

구울 때 나오는 연기도 문제다. 음식이 탈 때 나오는 연기를
기계로 측정해보았다. 굽고 나서 1분 정도 지나면 연기가 나면
서 유해 물질이 급격하게 올라간다. 나는 10여 년 전부터 부엌

에서 조리할 때 이런 연기가 건강에 문제를 일으킬 수 있다고 강의하고 다녔다. 과거에 폐암은 흡연과 관계가 있다고 생각했다. 물론 지금도 흡연은 폐암을 일으키는 가장 강력한 발암물질이다. 그런데 2000년경부터 흡연과 관계없는 폐암이 여성에게 서서히 생기는 것을 목격했다. 요리에 관심을 가지면서 요리할 때 나는 연기가 유해할 것이고 폐암과 같은 병을 유발할 것이라고 막연히 생각해 왔다.

40년 전 내가 결혼할 당시 주거지로서 아파트는 그렇게 많지 않았다. 1990년대 아파트 200만 호 건설을 기점으로 아파트가 일반적인 주거 형태가 되기 시작했다. 부동산 투기와도 관계가 있어서 아파트가 폭발적으로 늘어났다. 아파트는 주거의 밀폐성과 쾌적성은 좋지만 환기 면에서는 약점을 지닌다. 주방과 거실이 같이 있어서 그렇기도 하다.

암은 세포의 유전자 변이로 생긴다. 몸의 각 세포는 살아 있는 생명체로서 가장 작은 단위다. 끊임없이 생겨나고 자기 역할을 다하면 죽는다. 이런 변화는 각 세포가 가진 유전자에 의해서 조절된다. 이런 조절 장치에 이상이 생기면 세포가 죽지 않고 성장을 계속한다. 우리 몸은 세포의 이런 이상 증식을 알아차리고 세포가 자살하도록 하는 장치를 가지고 있다. 그런데 암은 이런 2중, 3중의 안전장치를 넘어서 세포가 무한 증식을 하는 것이다.

암세포가 분열하면 한 개가 두 개가 되고 두 개가 네 개가 된다. 한 번 분열하는 데 걸리는 시간은 장기에 따라 달라서 서너 달이 걸린다. 암의 크기가 1센티미터 정도 되려면 30번 정도 분열해야 한다. 이 정도면 초기 암이라고 얘기한다. 그러니까 암이 검사에서 나타날 정도라면 암이 발생한 지 적어도 7~10년 정도의 시간이 지난 것이다. 그래서 아무리 초기에 발견한다고 하더라도 암은 무섭고 어렵다. 이미 오래전부터 몸속에 자기 뿌리를 내리고 있다가 혹으로 비로소 모습을 드러내기 때문이다. 어떤 암은 몇 년 동안 흔적도 없이 숨어서 세력을 키우다가 어느 날 불쑥 많이 진행된 형태를 보이기도 한다. 검사한 지 얼마 되지도 않았는데 상당히 진행된 암이었다고 얘기하는 경우다. 암의 이런 속성 때문에 수술로 제거하더라도 견디기 힘든 항암제 치료와 방사선 치료를 해야 하는 이유다.

이런 근거로 봤을 때 30년 전부터 아파트 생활을 시작했고 주방에서 요리할 때 공기의 질이 좋지 않으니까 흡연하지 않더라도 폐암과 같은 문제가 생길 수 있겠다고 생각한 것이다. 그런데 10여 년이 지나자 진짜 비흡연자의 폐암이 늘어나기 시작했다.

물론 암의 원인은 복합적이라 한 가지 원인만으로 이야기할 수는 없다. 하지만 여러 가지 개연성을 가지고 추정하고 조심하는 것은 필요하다고 생각한다.

현재 폐암이 급격하게 증가하고 있다. 아직도 흡연이 제일 큰 원인이지만 비흡연자도 30%나 차지한다. 특히 여성 비흡연자에게 폐암이 두드러진다. 2021년에는 급식소 주방에서 일하다가 폐암에 걸린 여성에게 산재를 인정하기에 이르렀다. 요리할 때 나오는 연기의 유해 물질을 폐암을 일으키는 한 원인으로 인정한 것이다. 요리 방법에서 건강을 생각하면 굽거나 튀기는 것은 되도록 피해야 한다. 할 수 없이 굽더라도 발생하는 연기에 대해 경각심을 가지자.

사람들은 연기가 나면 창문을 연다. 그런데 요리하기 전에 창문을 열고 환기하면서 요리해야 발생하는 화학물질의 측정치가 떨어진다. 그리고 요리하는 불판과의 거리도 중요하다. 1미터 정도 떨어지면 수치가 급격히 떨어진다. 하지만 매번 요리하기 전에 문을 열어 환기하고 불판과 1미터나 떨어져서 요리할 수 있을까? 굽지 않고 생으로 먹거나 삶아서 먹으면 그런 문제가 없고 건강 면으로도 가장 좋다. 나는 채소 위주로 먹기 때문에 음식을 생으로 먹거나 삶아서 먹는다. 생선은 잘 먹지 않지만

주로 쪄서 먹는다. 고기도 잘 먹지 않는데 먹을 땐 주로 삶아서
먹는다.

◆ ◆ ◆

발암물질 분류를 정확히 알고 경각심을 가지자

잊을 만하면 한 번씩 방송에서 어제까지 잘 먹었던 치즈와 된
장이 발암물질이라는 보도가 나온다. 커피도 발암물질이라고 하
고 장기간 먹던 위장약도 발암물질이라는 발표를 듣는다. 그러면
사람들은 불안해하고 당장 암을 일으키는 것으로 착각한다. 하지
만 1군, 2군 발암물질이라는 용어를 잘 이해해야 한다. 세계보건
기구who는 암을 유발하는 물질을 4군으로 나누어 발표했다.

- 1군: 확실히 암과 연관이 증명된 경우로 담배 연기, 자외선,
  소시지를 포함한 가공육, 석면, 젓갈 등 121종류다.
- 2A군: 인체 실험에는 제한적인데 동물 실험에서 암을 일으
  키는 충분한 근거가 있는 물질로 붉은 고기, 고온의 튀김 등
  이 있다.
- 2B군: 인체 실험에는 제한적이고 동물 실험 자료도 충분하
  지 않은 물질로 납, 휘발유, 전자파 등이 있다.

- 3군: 인체 실험과 동물 실험에서 자료가 불충분해서 인체 발암성으로 분류할 수 없는 물질로 멜라닌 등이 있다.
- 4군: 암을 일으키는 증거가 없는 경우다.

　전문가가 아니고서는 이런 분류를 정확히 이해하기가 어렵다. 과거에는 1급, 2급 등으로 나누어서 등급 자체가 위험성이 더 높은 것으로 착각했다. 그래서 요즘은 1군, 2군 등으로 나눈다.

　예를 들면 담배와 햄·소시지 같은 가공육은 똑같이 1군이다. 담배가 폐암을 일으키고 가공육이 대장암을 일으킬 근거가 확실하다는 것이다. 실제로 폐암이나 대장암이 생길 확률은 수백 배 차이가 난다. 자외선도 피부암을 일으키는 원인이 확실하므로 1군이다. 그렇지만 주위에 그런 환자를 거의 보지 못했을 것이다. 그리고 시간이 지나 연구가 더 진행되면 분류된 군이 바뀌기도 한다. 발암물질에 대한 분류는 지나치게 걱정하지는 말자. 하지만 경각심은 가지자.

2

냄비와 프라이팬만 알아도
건강한 음식을 만든다

열을 가해서 요리할 때 그릇의 열전도율과 보존율을 알아야 요리에 따른 그릇을 올바르게 선택할 수가 있다. 열을 가할 때 빨리 데워지고 빨리 식는 양은 냄비는 라면이나 국수를 끓이는 데 좋다. 솥밥을 할 때는 열전도율이 낮아서 천천히 데워지지만 열을 오랫동안 보존하는 도자기 솥이 구수한 밥을 하기에 제격이다.

◆ ◆ ◆

스테인리스강이 철이 녹스는 것을 막기 위해 개발되다

이런 전문적인 것은 요리에 관심을 가질 때 파고들 문제다. 여

스테인리스 냄비나 프라이팬

기서는 사람들이 많이 사용하는 스테인리스 냄비와 프라이팬에 관해 알아보고자 한다. 지금은 스테인리스 냄비나 프라이팬이 가장 대중적이지만 옛날부터 가장 많이 사용한 것은 철로 만든 팬이었다. 철로 만든 팬은 무겁기도 하고 녹스는 것이 가장 큰 단점이었다. 인류가 도구로 돌을 사용하다가 철을 사용함으로써 문명적으로 엄청난 변화가 일어났다. 철을 가진 사람이 권력을 장악했다. 산업혁명으로 많은 기계가 발명된 것도 전부 철을 이용한 덕분이었다. 그런데 철은 산소와 결합하면 시간이 지나면서 녹슬었다.

철이 녹스는 것을 막기 위한 많은 연구가 있었으나 철을 대체할 물질은 발명하지 못했고 대신 철 표면에 도금하는 방법을 발견했다. 철 표면에 아연을 입히면 아연이 철보다 먼저 산소와 반응해서 아연이 녹스는 것을 이용한 방법이었다. 아연은 값도 쌌다. 하지만 아연 도금은 수명이 길지 않아서 조금 더 효율적인 방법을 찾아야 했다.

영국의 셰필드는 19세기부터 철의 주산지로 이름이 높았다. 1850년대 산업혁명 시절 유럽 철 생산량의 50%를 생산했으며 산업이 번창하여 인구가 5배로 늘어났다. 이곳에서 태어난 해리 브리얼리Harry Brearley는 1913년 철에 크롬을 섞으면 녹을 방지할 수 있다는 것을 발견했고 자신의 발명품을 녹슬지 않는 철이란 뜻으로 스테인리스강stainless steel이라고 불렀다. 스테인리스강은 산업에 엄청난 변화를 가져왔다. 지금도 셰필드에는 그의 초상화가 한 면을 장식하는 거대한 건물이 있다. 그곳의 셰필드대학교는 철강을 비롯한 다양한 신소재와 건축에 강점을 보이는데 화학, 생리학, 약학 분야에서 노벨상 수상자를 여섯 명이나 배출한 명문 대학이다.

스테인리스강은 건축, 자동차, 비행기 등 산업 곳곳에서 사용됐다. 뉴욕 맨해튼에 있는 크라이슬러 빌딩의 스테인리스강 탑은 지금 봐도 아름다움의 극치다. 뉴욕에 갈 때마다 멀리서 빌딩을 마주 보면서 걸어가면 90년 전에 세워진 빌딩의 위용과 그 세련됨에 감탄한다.

큰 선박이 있는 항구에 가보면 선박을 육지에 올려놓고 정비하는 모습을 보게 된다. 특히 배의 녹슨 부분을 손질하는 것이 주요 일이다. 스테인리스강이 나오면서 선박의 수명이 길어지고 관리가 쉬워지면서 선박 운송이 발전하기 시작했다. 요즘은 스테인리스강보다 녹에 더 강한 티타늄 같은 신소재가 나와서 선박 운송에 가속도가 붙었다. 하지만 이런 변화의 시작은 스테인리스강 덕분이었다.

주방용품에도 대혁명이 일어났다. 과거 주방용품은 단순했다. 귀족은 값비싼 은과 구리 등을 사용했고 서민은 철과 나무를 사용했다. 이런 재료는 내구성이나 효율성이 많이 떨어졌다. 과거 요리는 귀족이 하인을 데리고 오랜 시간 음식 준비를 해서 비싼 그릇에 담아 먹는 것을 말했다. 서민에게는 요리라는 개념이 없었다. 서민에게 음식은 그저 굶주린 배를 채우는 것이었다. 그런데 제2차 세계대전이 끝나고 인스턴트식품이 출시되면서 요리도 간단해졌고 스테인리스강 주방용품을 사용하게 되자 요리가 대중 속으로 들어오게 됐다. 지금은 인스턴트식품을 건강의 적으로 얘기하지만 서민들이 요리를 골고루 즐길 수 있게 만든 면에서는 긍정적으로 평가한다.

스테인리스강은 등장 이후 주방에 혁명을 일으키며 다양하게

사용되고 있다. 여기에서는 스테인리스 냄비로 한정해서 이야기
하고자 한다. 요즘의 주방용 스테인리스강은 크롬이나 니켈이
들어간 합금이다. 효율이나 가격을 생각했을 때 가장 합리적인
합금이다.

◆ ◆ ◆

스테인리스 제품의 종류와 표기법을 잘 알아보자

스테인리스 냄비에 SUS~Steel Use Stainless~라고 적힌 것이 있다. 이
것은 일본공업규격~JIS~을 나타내는 옛날 방식으로 표시한 것이다.
요즘 우리나라에서 쓰는 공식 용어는 STS~Stainless Steel~로 예를 들어
STS 304로 표기한다. 스테인리스강의 종류는 크롬이나 니켈의
합금 비율에 따라 200, 300, 400 시리즈가 있다.

- 200 시리즈: 201, 202로 나눈다. 크롬과 니켈을 같이 넣은
  합금은 맞지만 니켈 가격이 더 비싸므로 크롬은 16~18%
  를, 니켈은 최소로 3~4% 정도 넣은 것이다. 할인마트에 가
  면 이상할 정도로 값이 싼 것은 전부 이것이다. 해외에서 만
  든 정체불명 제품이다. 합금을 어느 정도 넣었는지도 모르
  고 세분해서 201, 202 제품이라고 구분된 표시도 없다. 성

분을 기록할 의무가 없고 자랑할 정도가 아니니까 그냥 스테인리스강이란 표시만 있다. 당연히 산에 약하고 잘 부식돼서 수명이 짧고 건강에도 좋지 않다. 염분이 많은 우리 음식 특성상 권하지 않는다.

- 304: 18-8, 18-10으로 표시되며 크롬 18%에 니켈이 10% 들어간다. 니켈 양이 증가하므로 내식성이 좀 더 강하고 가격도 올라간다. 가장 보편적으로 사용되며 주방용품에도 많이 사용된다. 과거에 27종, SUS 304라고 얘기하던 것이다. 숟가락, 포크 등에는 18-10이라고 적힌 것이다.

- 316: 과거 32종이라고 얘기하던 것으로 니켈이 10~14% 들어가서 당연히 좀 더 비싸다. 몰리브덴$_{Mo}$과 티타늄$_{Ti}$이 들어가기도 한다. 티타늄이 부식에 강해서 인공관절과 임플란트에도 쓴다고 광고한다. 티타늄과 몰리브덴은 화학 반응, 부식, 염분에 강하다. 그래서 바닷속에서 사용하는 공업용 제품이나 다이빙 시계는 STS 316이 더 적합하다. 염분이 바닷물보다 많은 김치와 된장을 오래 접촉하는 경우는 316이 좋은 것은 맞다. 그런데 현실적으로 바닷물에 오래 잠겨 있는 경우처럼 오랫동안 염분이 있는 음식에 노출되는 것도 아니고 잠깐 요리하는 데 굳이 316이 필요할지는 의문

이다.

316의 종류에는 316L과 316Ti가 있다. 316L은 온도가 425도에서 815도 사이에 장시간 노출되면 금속 조직의 입자에 부식이 생기는 것을 막기 위해 316을 기반으로 탄소 함량을 0.03% 낮춘 것을 말한다. 주방에서는 이 정도의 온도를 사용할 일이 없다.

316Ti는 여러 면에서 인기를 얻고 있다. 주방용품에 티타늄을 넣은 것은 강도보다 부식을 좀 더 효율적으로 막기 위함일 뿐 그렇게 의미 있는 용도는 아니다. 그런데 티타늄이 들어간 것만으로도 값이 비싸진다. 사실 들어간 티타늄 양도 불과 몇 퍼센트밖에 되지 않는다. 가격은 316 〈 316L 〈 316Ti 순인데 용도에 있어서 별 차이는 없다. 마케팅 측면이 강하다.

• 430: 인덕션에서 사용할 수 있도록 할 수 있도록 304, 316 제품에 자성을 더한 것이다. STS 제품은 부식에는 강하지만 열전도율이 약해서 열을 오랫동안 가해야 달구어지는 단점이 있다. 그래서 표면은 STS 18-10으로 입히고 중간은 가볍고 열전도율이 좋은 4밀리미터 알루미늄을 넣고 바닥은 자성을 가지도록 STS 430으로 만든 것이 바닥 3중 팬

이다.

바닥 3중 구조

-STS 18-10 (내식성을 높임)

-4밀리미터 알루미늄 (열전도율을 높임)

-STS 430 (자성을 입힘)

　그런데 불이 바닥뿐만 아니라 팬 옆으로도 가니까 바닥에만 지나치게 열이 달아올라 위아래에 열 차이가 나면서 타기도 한다. 그래서 전체를 3중으로 만든 것이 통 3중 팬이다. 이보다 열전도율을 더 효율적으로 높이기 위해 중간에 알루미늄과 구리 층을 2개 더한 것이 통 5중 팬이다.

통 5중 구조

-STS 304

-알루미늄

-알루미늄 + 구리 (열전도율을 높임)

-알루미늄

-STS 430

이렇게 스테인리스 팬이 발전하는 이유는 열보존율과 열전도율 차이로 인한 음식 맛 때문이다. 팬을 100도로 가열하고 나서 찬 음식을 넣으면 온도가 내려가서 다시 100도로 올라갈 때까지 시간이 걸린다. 그러나 전달률이 좋은 경우 가열한 팬에 찬 음식을 넣고 열을 계속 가하면 온도가 빨리 올라가고 열이 오래 보존되므로 이론적으로 음식이 맛있게 만들어진다. 전문 요리사가 열전도율이 가장 좋은 구리 팬이 무겁고 비싸지만 사용하는 이유다.

◆ ◆ ◆

연마제와 코팅 물질을 조심하자

원래 스테인리스 팬 바닥은 한 겹으로 시작됐다. 그런데 열전도율이 낮은 단점을 보완하려고 바닥을 3중으로 만들고 열이 골고루 전달되게 하려고 통 3중으로 만들고 전도율을 더 높이기 위해 통 5중으로까지 발전해 왔다. 과거에는 단순하던 스테인리스 팬이 요즘은 매우 다양해졌다. 기능성을 강조하고 특별한 금속이 들어간 것으로 광고하면서 가격도 천차만별이다. 팬 하나에 가격 차이가 수십 배 나기도 한다.

분명 열전도율을 개선해서 요리하는 데 좀 더 편리하고 맛이 조금은 더 있을 수 있다. 그런데 영양상으로 봤을 때는 차이가 없다. 비용이 부담되지 않고 약간의 편리함을 찾는다면 그런 제품을 사용해도 관계없다. 다만 일정 수준이면 사용에 별 차이가 없다. 비유하자면 뒷산을 산책하는데 히말라야 등반을 할 때 입는 아웃도어 옷을 입는 것과 비슷한 현상이다.

그보다 중요한 것은 건강과 관련된 문제다. 스테인리스강은 제품의 거친 면을 매끄럽게 마무리하기 위해 연마제로 탄화규소를 사용한다. 탄화규소는 발암물질로 알려져 있는데 제품으로 나올 때 제거되지 않고 그냥 나오므로 반드시 제거하고 사용해야 한다.

연마제는 물이나 주방세제로 제거되지 않는다. 기름으로 닦아내야 한다. 먼저 식용유를 휴지에 묻혀서 구석구석 닦는다. 연마제가 검게 묻어나면 검은 물질이 나오지 않을 때까지 여러 번 닦는다. 그다음 베이킹소다를 푼 물에 씻는다. 마지막으로 중성세제로 깨끗이 씻는다.

스테인리스 팬의 단점은 구울 때 눌어붙는 것이다. 이게 불편해서 코팅 팬을 많이 사용한다. 코팅 팬은 스테인리스 팬, 알루미늄 팬, 구리 팬 등 열전도율이 높은 재질로 만든 팬에 코팅을 한 것이다. 일반적으로는 열전도율과 열보존율이 낮더라도 스테인리스 팬에 코팅한 제품을 가장 많이 사용한다. 코팅에 사용되는 물질은 두 가지다. 불소수지$_{PFOA}$와 세라믹이다. 불소수지는 테플론$_{Teflon}$이라는 상표명으로 널리 알려졌는데 그 외에도 여러 가지 이름으로 불린다. 그런데 불소수지는 미국에서 발암물질로 발표한 바가 있다. 2019년 영화 「다크워터스$_{Dark\ Waters}$」로 문제점에 대한 경각심을 가지게 됐다. 아직도 재판이 진행 중이지만 상당 부분은 손해 배상을 한 상태다.

나는 316 스테인리스 팬을 주로 사용한다. 팬에 음식이 눌어붙는 문제는 사용 방법만 알면 해결된다. 불에 달군 팬에 음식이 눌어붙는다는 것은 음식과 팬이 붙는다는 것이다. 그러면 기름으로 팬을 코팅해 음식과의 간격을 벌리면 된다. 스테인리스 팬은 열전도율이 낮아서 서서히 달구어진다. 강하지 않은 중불로 서서히 달군 다음 식용유를 약간 쳐서 코팅하고 살짝 닦아내고 쓴다. 계란 프라이 같은 요리는 식용유를 한 번 더 치면 눌어붙지 않는다. 시간이 조금 걸리고 신경이 쓰일 수는 있어도 익숙해지면 문제가 되지 않는다.

나는 테플론 코팅 팬도 가지고 있다. 급히 간단히 할 요리가 있을 때 사용한다. 다만 코팅 팬은 산이나 고온에 잘 부식돼 6개월 정도 쓰면 코팅이 벗겨진다. 이때는 과감히 바꾸어야 한다.

건강을 위한 최선은 팬을 사용해서 굽거나 튀기는 요리를 하지 않는 것이다.

3
어떤 기름을 사용해야 하는지 기준을 정해야 한다

◆ ◆ ◆

발연점과 산화안정성이 중요하다

물에 열을 가하면 100도 이상 올라가지 않는다. 하지만 어떤 물질에 직접 열을 가하고 100도 이상으로 온도가 올라가면 연기가 난다. 이를 발연점smoking point이라고 한다. 발연점에 이르면 물질에 화학적인 변화가 일어나 음식이 여러 가지 맛으로 익게 된다. 그리고 발생하는 연기는 다양한 화학물질을 내게 된다. 많은 화학물질 중에 벤조피렌benzo[α]pyrene은 1급 발암물질로 알려져 있다.

그래서 요리할 때 건강을 생각한다면 날것이 가장 건강하고 삶은 것이 그다음이고 굽고 튀기는 것이 마지막이다. 가능하면 굽고 튀기는 요리를 피해야 한다. 하지만 생선이나 고기는 날것으로 먹기 어려워 구워서 먹는다. 구울 때 어떤 기름을 사용해야 하는지 기준을 정해야 한다. 대개 프라이팬에 전을 부치면 120~160도 내외로 온도가 올라가고 튀기면 180도가 넘어간다. 그렇다면 사용하는 기름은 발연점이 높은 것을 사용하는 것이 건강에 좋다. 같은 기름이라도 어떻게 만들었는지에 따라 발연점에 차이를 낸다.

일반적으로 정제한 기름은 발연점이 올라간다. 정제했다는 것은 나쁜 재료를 화학적으로 가공해서 먹을 수 있도록 한 것이다. 못 먹을 정도로 나쁘다는 것은 아니고 좋다는 의미도 아니다. 예를 들면 엑스트라 버진은 맨 처음 짜낸 기름으로 전체 올리브오일 생산량에서 10% 정도만 해당한다. 나머지 등급은 한 번 기름을 짜낸 열매를 다시 사용하거나 가공 처리를 한 것이다. 가공 처리한 기름은 정제란 용어를 붙인다. 맛, 향, 영양은 없이 무늬만 올리브오일이다. 아무래도 격이 떨어지고 값도 싸다. 그런데 정제한 기름은 발연점이 올라간다. 엑스트라 버진의 발연점은 160도인데 정제하면 230도까지 올라간다. 그러니까 샐러드용으로 올리브오일을 쓸 때는 엑스트라 버진을 사용하고 굽고 튀길 때는 정제한 올리브오일을 쓰는 것도 한 방법이다.

가장 발연점이 높은 기름은 아보카도오일이다. 해바라기씨유나 카놀라유 등도 발연점이 높은 기름이다. 참기름과 들기름은 중간 정도인 160~200도 수준이다. 식용유의 안전성을 이야기할 때는 발연점도 중요하지만 유해 물질을 내는 것도 생각해야한다. 연기만 나지 않을 뿐이지 이미 기름이 산화됐을 수도 있다. 산화 안정성oxidative stability이 사실은 더욱 중요하다.

올리브오일은 유리지방산free fatty acid 양에 따라 등급을 나눈다. 엑스트라 버진은 유리지방산이 0.8% 이하여서 안정화된 기름이다. 등급이 낮아질수록 유리지방산 함량이 5%로 높아 산화될 가능성이 높다. 스테이크를 굽거나 전을 부치는 데 산도가 높은 올리브오일을 사용해도 문제는 없다. 그런데 아무리 좋은 기름인 올리브오일이라도 200도 이상 열을 가하면 불포화지방산이 트랜스지방으로 변하기도 한다. 이건 올리브오일뿐만이 아니라 해바라기씨유와 아보카도오일도 열을 가하면 해로운 트랜스지방으로 변하게 된다.

◆ ◆ ◆

피해야 할 기름과 건강에 좋은 기름이 있다

앞의 내용을 정리해서 어떤 기름을 쓸 것인지 기준을 정하면 다음과 같다.

- 코코넛오일, 팜유 등은 포화지방산이므로 피한다. 참기름, 들기름, 해바라기씨유, 카놀라유 등은 불포화지방산이라 건강에 좋다.
- 식물의 열매나 씨에서 짠 기름 중 고온에서 볶은 후 짜낸 기름은 피한다. 그냥 압착식이거나 49도 이하의 저온에서 압착하는 냉압착cold press 기름이 좋다.
- 올리브오일은 엑스트라 버진이 산도가 0.8% 이하로 좋은 기름이다. 산도가 0.2%인 올리브오일도 있지만 영양의 차이는 없다. 산도가 낮은 것이 맛이나 향은 더 낫겠지만 그만큼 매우 비싸다.
- 퓨어 올리브오일, 올리브오일 라이트, 또는 그냥 올리브오일이라고만 표시된 것은 정제한 기름이다. 여유가 된다면 엑스트라 버진 올리브오일을 사용하자.
- 올리브오일은 불포화지방산이라 쉽게 산화한다. 빛이 차단

된 검은 병에 담긴 오일을 구매하고 어두운 곳에 보관해두자. 시간이 지나면 산화가 지속되므로 빨리 소비할수록 좋다. 한 달을 넘기지 말자. 큰 병이 아니라 작은 병에 담긴 것을 사야 빨리 소비할 수 있다.

- 아무리 좋은 기름이라도 200도가 넘는 높은 온도로 요리하면 해로운 물질이 많이 발생한다. 굽거나 튀길 때는 160도 이하의 낮은 온도에서 요리하자. 가장 좋은 것은 굽거나 튀기는 요리를 안 하는 것이다.

- 굽거나 튀기는 경우 기름의 종류는 크게 관계없다. 올리브오일이라도 발연점이 180도 정도이므로 큰 문제는 없다. 다만 건강한 올리브오일을 비싸게 구매해서 건강하지 않은 음식을 해 먹는 데 사용할 이유는 없다.

4

언제 먹고 언제 안 먹는 게 좋을까

◆ ◆ ◆

안 먹고 쉬는 시간을 주어서 몸의 치유 능력을 높이자

인간은 에너지를 밖에서 얻는다. 음식을 먹으면 소화기관에서 잘게 부수고 에너지를 얻기 위해서 몸의 온갖 기능을 동원한다. 그 과정에서 염증도 생기고 활성 산소 같은 유해 물질도 생긴다. 몸에 해로운 찌꺼기가 생긴다는 이야기다. 그래서 우리 몸이 에너지를 만드는 과정이 끝나면 다음 음식이 들어와서 일할 때까지 몸은 휴식해야 한다.

그런데 현대인은 시도 때도 없이 먹는다. 특히 밤에 야식을 많이 먹는다. 몸이 쉴 틈이 없다. 사람은 먹고 일하고 나면 정신적으로 육체적으로 쉬어야 다음 날 또 일을 할 수 있다. 일에 지치고 피곤한 것이 만병의 근원이라고 했다. 그런데 사람이 잠자기 직전까지 먹으면 몸은 밤새도록 일을 해야 한다.

사람이 잠이 부족하면 정신이 휑하고 어지러운데 몸도 똑같은 과정을 겪는다. 밤늦게까지 모임에서 야식을 먹고 다음 날 일어나면 몸이 무겁고 얼굴이 붓고 피곤이 쉽게 풀리지 않는다. 그런데다 출근을 하려면 아침만은 꼭 먹어야 한다는 강박관념에 선식이나 주스라도 마시고 나간다. 그렇게 간단한 음식이라도 먹으면 몸은 또 일해야 한다. 그런 흐름을 끊어야 한다.

식사와 식사 사이에 충분한 간격을 두고 공복 시간을 주는 것이 중요하다. 환경호르몬 관점에서도 그렇다. 나는 현대의 많은 병이 환경호르몬과 관계가 있다고 생각한다. 특히 면역과 관계된 병이 그렇다. 우리 몸이 자신을 공격하는 자가면역질환이 많이 늘어나고 있다. 환경호르몬은 지구상에서 분해되지 않고 지방 성분에 축적된다. 바다에서는 생선의 지방에, 땅에서는 가축의 지방에 축적된다.

이런 지방을 먹는 인간은 환경호르몬의 최종 소비자다. 그런 의미에서 채식 위주의 식사가 환경호르몬 섭취를 줄이는 좋은 방법이다. 하지만 태평양 심해에서도, 히말라야 깊은 골짜기에서도 환경호르몬의 오염을 피할 수 없는 시대에 살고 있다. 우리가 건강하다고 유기농을 먹고 조심해도 피할 수 없다. 결국 유기농을 먹는 것보다 환경호르몬을 배출하는 것이 더 중요하다. 우리 몸에 들어온 환경호르몬은 지방에 저장돼 있다가 몸속을 돌아다니면서 계속 순환한다. 배출이 쉽지 않다.

앞에서 환경호르몬은 식이섬유에 붙어서 대변으로 나온다고 이야기했다. 다만 채식을 한다고 해서 환경호르몬이 그냥 몸 밖으로 나오는 것은 아니다. 방법이 중요하다. 담즙에 붙어 있는 환경호르몬은 지방을 소화하기 위해서 나온다. 그러니까 건강한 방법으로 음식을 먹어야 한다. 식이섬유가 많은 신선한 채소에 들기름이나 올리브오일을 넣고 먹으면 우리 몸에서 기름을 소화하기 위해 담즙이 나온다. 그러면 담즙에 붙어 있던 환경호르몬이 같이 나왔다가 환경호르몬만 식이섬유에 붙어 대변으로 나가게 된다.

시간도 중요하다. 지방을 소화하기 위해서는 환경호르몬이 붙어 있는 담즙을 쓸개에 충분히 모아두어야 한다. 몸은 밤새 아무런 소화 작용이 없으면 쓸개에 담즙을 모아 두고 음식이 들어올 것에 대비하고 있다. 그런데 밤늦게까지 조금씩 기름진 음식을 먹으면 그때마다 음식을 소화하기 위해 쓸개에 모아둔 담즙을 모두 소비해 버린다. 그리고 환경호르몬이 붙은 담즙은 다시 간에 재흡수된다. 그러면 아침에 아무리 신선한 채소에 올리브오일을 듬뿍 뿌려서 먹더라도 분비될 담즙이 없다. 나는 현대의 많은 병의 원인 중에 가장 큰 폐해를 얘기하라면 첫 번째로 야식을 꼽는다. 몸이 쉬는 시간을 주어서 몸의 치유 능력을 높여야 한다.

◆ ◆ ◆

간헐적 단식은 우리 몸의 회복 시스템을 작동시킨다

건강에 가장 중요한 한 가지만 꼽으라고 하면 소식이다. 인간의 몸은 기계와 같다. 에너지를 생산하기 위해서 몸을 최소한 이용하는 것이 생존에 유리하다. 몸을 덜 쓰자는 이야기다. 그런데 적게 먹는 것이 쉽지 않다. 인생에서 먹는 것도 중요하고 사회생활도 해야 하는데 어떻게 해야 하나? 그럴 때는 한 번씩 시간을 정해서 단식하는 것도 도움이 된다. 몸을 쉬게 해서 리셋하는 것이다. 요즘 많이 하는 방법이 간헐적 단식이다. 일상생활을 하면서 쉽게 할 수 있다. 나도 하고 있다.

간헐적 단식의 이론적인 근거는 하버드대학교의 노화 연구 전문가인 데이비드 싱클레어David Sinclair 교수의 연구다. 이제까지 사람의 운이나 병은 타고난다고 생각했다. 가끔 이름을 바꾸는 사람을 본다. 과거의 촌스러운 이름을 좀 더 현대적으로 바꾸려는 이유도 있고 큰 병에 걸리고 나서 운명을 바꾸겠다고 이름을 바꾸기도 한다. 자기가 더 출세하기 위해 잘 있는 부모 묘까지 파헤쳐서 옮기기도 한다.

부모가 100세까지 살면 자식도 오래 살 확률이 높다고 보았다. 생활 습관이 아무리 나빠도 자기는 좋은 유전자를 받았기 때문에 건강을 자신한다는 친구를 만나면 솔직히 억울했다. 타고난 것이 중요하다면 우리가 절제하고 노력하는 것이 무슨 소용이 있을까 생각하니 허무하기까지 했다. 나아가서 자기가 타고난 운을 가졌으면 노력도 하지 않고 나쁜 짓만 하는데도 복 받고 잘산다고 하면 얼마나 불공정한 세상일까라는 생각도 들었다.

그런데 싱클레어 교수는 20년간 유전자 분석을 하면서 연구한 결과 반드시 그렇지 않다고 주장했다. 병이나 노화가 생기는 가장 큰 원인은 나이라는 것이다. 나이가 들면서 유전자가 손상돼 세포에 이상이 생기고 병이 생긴다는 것이다. 그런데 놀랍게도 우리 몸의 유전자는 스스로 이런 손상된 부분을 고치면서 나이가 들어간다는 것을 발견한 것이다. 이런 손상된 부위를 고쳐간다면 노화나 병도 상당 부분 지연할 수 있다고 주장했다. 이렇게 우리 몸의 회복 시스템을 작동하는 것이 무엇인가 연구했더니 놀라운 결과가 나타났다. 과거부터 우리가 얘기하던 아주 간단한 건강의 원칙, 즉 땀 흘리며 운동하는 것, 스트레스를 관리하고 명상하는 것, 적게 먹고 주기적인 단식을 하는 것 등이었다.

과거에는 병에 걸리는 것이 80%는 유전자가 좌우하므로 인간이 그다음 할 일은 별로 없다고 생각했다. 그런데 거꾸로 인간이 어떻게 생활하느냐가 건강에 더욱 중요하다는 것이 밝혀졌다. 이것을 후성유전epigenetic이라고 한다. 과거에는 후성유전이 의미 있을 정도의 효과가 없고 환자에게 그냥 심리적인 안정을 주는 이론이라고 생각했다. 하지만 싱클레어 교수는 연구 결과 후성유전도 건강에 중요한 역할을 한다고 주장했다. 후성유전 중에서 요즘 가장 주목받고 있는 것이 바로 간헐적 단식이다.

◆ ◆ ◆

자신에게 맞는 방식으로 간헐적 단식을 실천할 수 있다

간헐적 단식에는 여러 종류가 있다. 5:2 단식은 1주일에서 5일은 정상적으로 식사하고 2일은 단식하는 방법이고 23:1 단식은 하루 한 끼를 먹는 방법이다. 나는 처음에는 16:8 단식으로 하루 두 끼를 먹는 단식을 시작했다. 저녁을 6시에 먹고 다음 날 오전 10시 진료 중에 간단한 주먹밥이나 떡으로 배를 채웠다. 그리고

아점으로 먹는 샐러드와 통밀빵

점심을 1시에 제대로 먹었다. 원래 아침 8시에 먹는 것과 비교하면 2시간밖에 차이가 나지 않으니까 배고픔의 차이는 없었다. 그런데 진료 중간 시간인 10시에 간단하지만 끼니를 한다는 것이 좀 불편했다. 그리고 무엇보다도 후속 연구에서 16시간 단식보다 18시간 단식이 우리 면역 시스템을 회복하는 데 좀 더 유리하다는 결과가 나왔다. 그래서 아예 18시간 단식으로 바꿨다. 저녁을 6시에 먹고 아침 진료를 조금 빨리 시작하고 점심시간을 12시로 맞추었다. 처음에는 배가 좀 고팠는데 몇 달이 지나자 배고픔이 없어졌다.

사실 간헐적 단식을 해도 진짜 배고픔은 잘 느끼지 못한다. 입이 심심할 뿐이다. 단식하는 동안에는 물 이외에는 아무것도 먹

간헐적 단식은 개인 형편에 따라 시간을 정하면 된다.

지 않는다. 대신 두 끼를 먹는 동안 주 식사는 제대로 배불리 먹어야 한다. 나는 원래 먹는 양이 많으므로 한 끼 먹는 양은 거의 밥 두 그릇이다. 배가 든든해야 간식에 손을 대지 않는다.

1년 동안 몸무게는 별 변화가 없는데 몸이 가벼워진 것을 느낀다. 그러면 힘이 없지 않느냐는 질문을 많이 한다. 밖에서 육체 노동을 하면 밥심으로 일하겠지만 일반적인 생활은 몸이 가벼워야 일을 잘한다. 배가 부르면 잠만 온다. 과거 학생 시절에 공부하던 것을 생각해 보자. 시간에 쫓겨 김밥 한 줄 먹고 집중해서 공부하는 것이 효율성이 있었다. 배부르게 먹으면 공부하기 싫어지고 잠깐 쉬자고 누웠다가는 계속 잠을 자곤 하지 않았는가?

간헐적 단식은 개인 형편에 따라 시간을 정하면 된다. 아침을 굶기에 좋은 사람이 있고 저녁을 굶으면 좋은 사람이 있다. 직장 생활을 하는 사람들은 나에게 항의하듯이 묻는다. 나처럼 개인이 시간을 정할 수 있는 사람한테나 가능한 일이라는 것이다. 직장 생활을 해봐라. 하루를 시작해야 하니까 무엇이라도 아침을 먹어야 하고 저녁은 모임에서 또 회식이 있는데 어떻게 피할 수가 있겠나.

맞는 말이다. 직장생활과 사회생활은 모두 중요하다. 저녁에 회식을 하고 야식을 먹어도 좋다. 그러면 아침을 굶으면 된다. 대개 밤늦게까지 모임을 하고 아침에 일어나면 몸이 무겁고 속이 더부룩해도 아침은 꼭 챙겨 먹어야 한다는 생각에 과일 주스라도 마시거나 미숫가루라도 타서 먹는다. 그것을 하지 말자는 것이다. 물 한 잔만 마시자. 아마 배는 안 고플 것이다. 잠깐 숙련이 되면 몸도 가볍고 속도 편하고 오히려 힘은 더 날 것이다. 그리고 점심을 12시에 먹어보자. 그럼 적어도 12~14시간 단식은 하는 셈이다. 그 정도만 해도 몸 회복 시스템에는 상당한 도움이 된다.

하지만 이런 간헐적 단식을 자라나는 청소년에게는 권유하지 않는다. 흔히 공부하는 학생은 탄수화물을 먹어야 뇌가 잘 돌아가기 때문에 아침을 굶으면 안 된다고 얘기한다. 그런데 저장된 영양분이 우선 뇌에 가므로 그런 문제는 없다. 다만 자라나는 청소년은 무엇이든지 한쪽으로 치우친 방식은 세상을 보는 의식에도 영향을 주므로 골고루 먹는 세 끼 식사를 권유한다.

요즘 간헐적 단식은 암 환자의 건강식으로도 많이 얘기되고 있다. 항암제 치료를 하는 암 환자는 고기를 포함해서 많이 먹으라는 권유를 받는다. 안 그래도 입안이 헐고 소화가 되지 않아서 먹기가 힘든데 몸에 좋다고 하니까 마지못해 힘겹게 먹는다. 하지만 항암제 치료를 못 할 정도로 백혈구가 떨어지는 경우만 아니라면 간헐적 단식을 포함해서 에너지를 제한하는 음식을 먹는 것이 암 재활에 도움이 되고 재발률도 줄인다는 연구가 많이 나오고 있다.

5장

집밥 먹는
습관을 들이자

1

간단하게 집밥을 만들어보자

◆ ◆ ◆

이제 남자들이 밥해 먹자

30년 동안 유방암 검진을 하면서 여성들을 상대하며 지냈다. 중년을 넘긴 여성들에게서 가장 많이 들은 소리가 밥하기 싫다는 것이었다. 30년을 매일 집에서 밥을 하다 보니 이제 지긋지긋하다는 것이다. 밥하기가 싫어질 때쯤 남편이 퇴직하고 집에 있으면서 매일 밥을 챙기니까 더 힘들다고 했다. 즐겁게 남편에게 밥을 해준다는 여성은 드물었다. 평생 일만 한 남편이 불쌍해서 그래도 밥을 챙긴다는 여성들도 많지만 그건 밥하는 것을 좋아해서가 아니라 착해서 그렇다.

반대로 많은 남성이 집에서 밥을 얻어먹는다는 것만으로 수모를 당한다는 얘기도 들렸다. 나는 이런 이야기가 나한테 하는 이야기는 아닐지라도 남자로서 듣기가 싫었다. 남자가 쓸데없이 밖에서 시간을 보내는 것도 아닌데 단지 성실히 일하다가 밥하는 것을 몰랐다고 이런 수모를 당해야 하는지 억울했다. 나 혼자만이라도 당당하자고 혼자서 밥을 해 먹기 시작했다. 그리고 주위 남자들에게도 얘기하고 다녔다. 우리 남자들이 밥해 먹자. 요리가 별것 아니더라. 회사 일 하는 것에 비하면 10분의 1도 안 되는 쉬운 것이더라. 그런 수모를 우리가 왜 당해야 하느냐.

그렇게 얘기해도 남자 혼자 밥하도록 부엌에 끌어들이는 것이 쉽지 않았다. 나는 간헐적 단식을 하고 하루 두 끼를 먹으면서 혼자 밥해 먹기가 훨씬 쉬워졌다. 두 끼 중 한 끼는 빵을 먹는다. 그전에는 빵을 먹지 않았다. 속이 불편했다. 글루텐이나 방부제 때문일 것으로 생각했고 빵은 건강한 음식이 아니라고 믿었다. 아마 빵을 먹지 않는 대부분 사람도 이런 생각 때문일 것이다. 그런데 설탕과 버터를 넣지 않고 집에서 통밀빵을 굽고부터는 하루 한 끼를 꼭 빵으로 해결한다.

우리 통밀, 물, 이스트, 소금만 넣어 제빵기로
직접 구운 통밀빵.

아침밥을 굶고 빵을 구워 먹는 것도 추천한다

빵을 먹는 것은 여러 장점이 있다. 우선 남자가 혼자 힘으로
한 끼를 해결할 수 있어서 좋다. 처음에는 빵을 집에서 구웠다.
빵을 집에서 굽는다는 것은 가슴 설레게 하는 무언가가 있다. 그
래서 부엌에 여러 가지 기계를 들였고 아내와 전문가가 빵을 구
웠다. 건강하면서도 맛있는 빵으로 소문이 났다. 주변에 빵을 나
누어주니 이런 빵을 계속 먹었으면 좋겠다는 사람들이 늘어났

다. 그런데 우리 공간에 와서 한 번 빵을 구운 사람들은 대부분 집에서 빵 만드는 것을 포기했다. 빵 굽는 과정은 시간이 걸리고 힘이 많이 든다. 무엇보다 반죽하고 발효해야 하고 빵을 만드는 기계가 면적을 많이 차지하고 비용도 만만치 않다. 전문적으로 빵을 구우려니 그렇다.

그래서 오랜 시간 시행착오를 거치면서 제빵기만으로 누구나 쉽게 빵을 굽는 방법을 알게 됐다. 아무런 기술이 없는 사람도 방법을 알려줬더니 만족도가 거의 100%에 가까웠다. 물론 간식으로 먹는 맛있는 빵이 아니라 밥을 대신해서 먹을 수 있는 빵을 이야기하는 것이다.

우리가 먹는 빵에 관한 생각을 바꾸었으면 한다. 현재 많은 사람이 빵을 먹지만 두 가지가 불만이다. 달고 맛있는 빵은 매일 밥으로 먹기에는 속이 불편하다. 그리고 가격이 너무 비싸다. 이 부분은 전적으로 동감한다. 유럽을 여행하면서 빵을 맛있게 먹었다는 경험담을 많이 듣는다. 유럽의 빵은 맛있고 싸다. 한 끼가 대충 1유로(약 1,400원)를 넘지 않는다. 유럽에서 밥으로 먹는 빵은 싸지만 디저트용으로 빵은 우리나라처럼 비싸다. 유럽에서 빵에 설탕이 들어가서 맛을 내면 그건 밥이 아니라 디저트다. 누가 밥을 먹는데 설탕이나 치즈를 넣겠는가?

속이 편하고 값이 싼 빵을 쉽고 간단하게 만들 수 없을까 고민하다가 제빵기로 빵을 만드는 것을 알게 됐다. 10만 원 정도의 기계로 우리 땅에서 난 통밀가루, 소금, 이스트, 물을 넣는 데 5분을 투자하면 3일 동안 먹을 건강한 빵을 구울 수 있다. 밤새 제빵기가 반죽하고 발효해서 빵을 만들어낸다. 우리 밀이 아무리 비싸도 한 끼 재료비가 1,300원 정도다. 이렇게 건강한 빵을 밥으로 하고 반찬으로 맛있는 샐러드를 만들어 먹는다. 다양한 채소와 견과류를 넣고 소금과 올리브오일만 뿌려서 건강하게 먹으면 환경호르몬을 배출할 수 있는 한 끼가 된다. 잼이나 버터는 바르지 않는다.

이렇게 아침밥은 굶고 점심은 간단하게 준비한 샐러드와 빵으로 먹으면 두 끼는 나 혼자 해결할 수 있다. 나머지 한 끼는 아내에게 부탁하는 것도 괜찮지 않을까? 식구가 없을 땐 혼자 해 먹거나 밖에서 사 먹어도 된다. 아침, 점심을 혼자 하는 방법을 주위 남자들에게 알려주었더니 따라 하는 사람들이 제법 많이 늘었다. 아침에 시간 여유가 생겨서 좋고 먹는 데 에너지를 빼앗기지 않아서 좋다는 말을 많이 한다. 빵으로 식사하기와 하루 두 끼 먹기는 꼭 권유한다.

◆ ◆ ◆

빵을 구워 먹는다면 건강한 우리 밀을 사용하자

통밀로 건강하게 만든 빵은 건강하다. 밀도 수입 밀보다 우리 밀이 건강에 좋은 것은 당연하다. 우리 밀이 건강에 좋은 줄은 알지만 우리 밀 자급률은 1.95%밖에 되지 않는다. 1980년대 밀 자급률이 50%를 넘었다가 정부 수매가 없어지면서 곤두박질쳤다. 우리 밀은 수입 밀과 가격 경쟁이 되지 않기 때문이다.

40년간 우리 밀을 아끼는 사람들의 피나는 노력으로 겨우 1.95% 자급률까지 올라섰다. 우리 밀을 원료로 하는 과자, 라면 등 대기업 수요가 없기 때문이기도 하다. 쌀과 같이 정부의 정책적인 지원이 없으면 우리 밀 자급률은 증가하기가 어렵다. 이제 겨우 자급률이 1.95%로 올라섰지만 갈 길이 멀다.

나는 정부 정책이 변하지 않으면 개인이라도 나서야겠다는 생각에 우리 밀을 사용해서 제빵기로 간단하게 건강한 빵을 구워서 한 끼를 해결하자고 권유한다. 우리 밀의 단점은 글루텐 함량과 가격이었다. 수입 밀에 비해서 글루텐 함량이 1% 부족했다. 자연히 잘 부풀지 않고 빵 고유의 맛도 떨어졌다. 그런데 요즘은 품종 개량으로 빵 만들기에 부족함이 없을 정도로 글루텐 함량이 충분하다.

우리 통밀로 구운 건강한 빵과 채소, 다양한 견과류, 콩, 과일이 들어간
샐러드

가격은 수입 밀에 비해 30~40% 비싸다. 대량 가공하는 대기업은 가격이 문제가 될 수 있다. 하지만 한 끼 밥으로 먹는 개인에게는 비싸다 해도 몇백 원 차이다. 30~40%면 큰 차이로 느끼지만 가격으로 보면 한 끼에 몇백 원 차이다. 3일에 한 번 5분만 투자해서 우리 밀, 소금, 이스트, 물만 넣으면 밤사이 제빵기가 반죽하고 구워서 빵이 만들어진다. 아침에 빵 향만 맡아도 행복한 느낌이다.

◆ ◆ ◆

바빠도 빨리 먹지 말고 꼭꼭 씹어서 천천히 먹자

오래전 바다를 접한 지역에 강의하러 갈 일이 있어 여행 가는 기분으로 아내와 동반했다. 뭐니 뭐니 해도 여행의 묘미는 그 지역에서 난 재료로 만든 음식을 먹는 것이다. 그날 점심 메뉴는 고민할 게 없었다. 우리 부부는 괜찮아 보이는 식당에 들렀다. 해물탕을 주문하고 평소처럼 식사를 하고 있는데 주인이 생선 한 마리를 더 구워서 가져왔다. 주문한 것도 아닌데 웬 생선이냐고 물었다. 주인 말이 우리 부부가 아무 대화도 없이 허겁지겁 먹기만 하기에 배가 굉장히 고팠나 보다고 생각해서 가져왔다는 것이었다. 부끄러웠다. 남 보기에 우리가 며칠 굶은 사람처럼 보였던 모양이다.

안 그래도 밥을 너무 빨리 먹는다는 이야기는 아내에게 자주 들었다. 밥을 차려놓으면 같이 먹자는 얘기도 없이 혼자 먼저 먹고 아이들이 있어도 자기만 생각하고 생선을 통째로 먹는다고 잔소리를 듣곤 했다. 어떻게 부모가 어린 자녀를 생각하지도 않고 자기 입에 다 넣어버리느냐는 것이었다. 시간이 지나니까 아내와 아이들이 맛있는 반찬을 빼앗기지 않으려고 자기들도 밥 먹는 시간이 점점 빨라진다고 불평했다. 이제는 아내도 똑같이 먹는 속도가 빨라져서 식당 주인이 보기에도 그러했던 모양이다.

밥을 빨리 먹는 것은 학창 시절, 병원 전공의 시절, 군대 시절을 거치면서 길든 습관이었다. 그 시절에는 밥을 먹는 것이 단순히 배를 채우는 수단이었다. 특히 전공의 시절이 그랬다. 항상 모자라는 잠과 시간에 쫓겨 정해진 시간에 밥을 먹고 잠을 자는 것이 아니라 시간 나는 대로 쪽잠을 자고 밥을 먹어야 했다. 대부분 시간은 수술실에 있었다. 점심 시간에는 수술실로 김밥이 올라왔다. 그러면 차례대로 김밥을 먹으러 한 명씩 수술실에 딸린 휴게실로 나갔다. 주어진 시간은 10분이었다. 3~4분 이내에 김밥을 씹는 둥 마는 둥 그냥 삼켜서 위장으로 내려보냈다. 그리고 남은 6~7분은 구석에서 기절하듯 자야 남은 하루를 버틸 수 있었다. 젊은 시절의 그런 버릇은 시간이 지나도 쉽게 바뀌지 않았다.

천천히 먹기 위해서 그동안 노력을 안 한 것은 아니었다. 밥을 30번 씹고 나서 반찬을 입에 넣자고 다짐했지만 무심코 젓가락으로 반찬을 집어 들었다. 빠르게 젓가락질을 못 하도록 왼손으로 젓가락을 집어보기도 했다. 그런데 서툴던 왼손 젓가락질이 한 달이 지나자 콩도 집을 수 있는 실력으로 늘어나 그것도 실패했다. 그런데 나만 이렇게 빨리 먹는 것은 아니었다. 대부분 한국 남성은 그렇게 바쁘게 살아왔다. 그러면서 밥도 빨리 먹게 됐다.

◆ ◆ ◆

음식을 천천히 먹는 게 몸의 치유 능력을 살린다

건강하기 위해서는 느리게 먹어야 한다. 현재 지구상의 모든 것이 오염되고 주위 환경이 안 좋은 상황에서 믿을 건 우리 몸밖에 없다. 우리 몸의 놀라운 치유 능력을 살리기 위해서는 우리 몸의 모든 부분을 이용해야 한다.

입에 음식을 넣으면 우선 꼭꼭 씹어야 한다. 치아로 씹으면 소화에도 좋고 뇌 건강에도 긍정적인 효과가 있어 치매 예방에 좋다는 연구 결과가 있다. 침이 나오면 다당류인 탄수화물을 잘게 부수므로 단맛이 나온다. 잘게 부수어진 음식물은 위장으로 내려간다. 위장에서 더 소화된 음식물은 소장으로 보내 최소 단위의 당인 단당류로 쪼개 간으로 보내고 간에서 당으로 에너지를 만들고 남는 양분은 저장된다. 소화하고 남은 찌꺼기는 대장으로 내려간다. 거기서부터 장내 세균이 식이섬유를 먹이 삼아 활동한다. 진정한 프로바이오틱스다. 내가 여기서 주목하는 것은 식이섬유를 포함한 찌꺼기가 우리가 섭취할 수밖에 없는 환경호르몬을 흡착해서 대장 밖으로 끌고 나온다는 사실이다.

이렇게 천천히 우리 몸을 이용하려면 식사 시간이 충분해야 한다. 하루 두 끼를 먹으면 아침을 생략하고 점심을 먹으니까 30

샐러드에 다양한 통곡물, 견과류, 씨앗을 넣어 즐겨 먹는다. 과일은 디저트로 먹지 않고 샐러드에 풍미를 주기 위해 조금 먹는다. 요즘 과일은 당도만 너무 높다.

빵이 없을 때는 샐러드에 콩, 옥수수, 퀴노아 등 곡물을 적절히 배합한다.

분 정도 시간은 충분히 확보할 수 있다. 통밀빵에 옥수수, 콩, 보리 같은 다양한 곡물이 들어간 샐러드를 먹으니까 급하게 먹던 음식 습관이 어느 순간 바뀌었다. 재료가 흰밥같이 금방 넘길 수 없어서 자연히 시간이 들었다. 적어도 30분 정도는 느리게 먹고 있다. 과거보다 식사가 훨씬 더 맛있다는 것을 느낀다.

◆ ◆ ◆

평소에 간단하게 만들어 먹고 가끔 외식하자

그럼 메인 식사인 저녁은 어떻게 먹을까? 저녁은 6시쯤 주로 한식으로 한다. 밥을 먹기 위해서다. 현미밥에 다양한 나물을 곁들인 비빔밥이다. 겨울은 말린 나물을 먹고 다른 계절에는 철마다 나오는 생채소를 먹는다. 거기에 묽은 된장으로 간을 한다. 밑반찬이나 국은 없다. 장아찌나 김치는 몇 조각만 먹는다. 한 접시 통째로 먹지 않는다. 나는 밥을 많이 먹어서 일반인의 거의 2배 분량을 먹는다.

원칙은 간단히 요리하기다. 사람들이 여기서 의문을 제기한다. 사람이 먹는 재미도 있어야 하는데 건강한 것도 좋지만 매일 이렇게만 먹고 사는지 묻는다. 매일 평생을 이렇게 먹자고 주장하는 것은 아니다. 일주일 동안 집에서 밥을 먹는 3~4일은 적어도

비빔밥에 순한 된장을 넣어서 간을 한다.

현미밥에 나물을 올리고 된장을 넣어 간을 맞추고 한 가지 반찬을 곁들인다.

이렇게 간단한 음식을 먹는다. 그리고 약속이 있을 때는 밖에서 맛있는 요리를 먹는다. 집에서 간단하고 심심한 음식을 먹다가 한 번씩 외식할 때는 원래 하던 대로 맛있는 요리를 먹는다.

대부분 사람은 자기 음식 습관이 옳지 않다는 것을 알고 있다. 그런데 어떻게 해야 할지 모른다. 밖에서 자주 맛있는 음식을 양껏 먹는데 식사를 끝내는 순간 후회하면서 무거운 몸을 일으켜 세운다. 다시는 그러지 말자고 다짐한다. 속도 더부룩하고 잠을 자고 일어나도 몸이 무겁다. 그런데 평소 간단한 음식을 먹다가 일주일에 한두 번 건강하지 않지만 맛있는 음식을 먹어 보라. 기대도 되고 맛도 더 있다. 먹고 나서 후회도 없고 몸도 개운하다.

그래서 사람들에게 먹는 걸로 후회하면서 지내지 말자고 말한다. 3년 정도만 순하고 건강한 맛에 길들면 한 번씩 밖에서 기분 좋고 맛있게 음식을 먹을 수 있고 건강도 챙길 수 있다. 평생이 즐겁다.

덧붙여 우리 회식 문화에 대해서 아쉬운 점을 이야기하고 싶다. 우리는 회식을 거창하게 한다. 불에 고기를 구워 먹거나 큰 상을 차리는 정식을 먹는 모임이 대부분이다. 중국집에서 정식 요리를 먹어도 마무리로 짜장면이나 짬뽕을 먹는다. 꼭 이렇게까지 해야 할까라는 생각을 자주 했는데 외국에서 신선한 충격을

때로는 흰밥도 먹는다. 다양한 채소를 쪄서 먹는데 간 없이
먹거나 간장에 찍어 먹는다.

받았다. 뉴욕 월스트리트에 갔더니 주위 레스토랑에서 저녁 모임
이 많았다. 물론 우리처럼 거창한 메뉴의 요리점도 있었지만 많
은 직장인이 샐러드 볼 하나만 놓고 몇 시간씩 떠들고 노는 것을
보았다. 뮌헨에 갔을 때는 마침 아는 치과 의사의 병원에서 회식
을 해서 참석했다. 맥주 홀에서 먹은 맥주 한 잔과 간단한 안주
몇 개가 다였다. 그들도 역시나 떠들고 노는 대화가 주였다.

우리도 회식이 가벼웠으면 좋겠다. 과거에 먹고살기 힘들었을
때는 회식 날 맛있는 것을 푸짐하게 먹는 것이 좋았다. 하지만
이제 우리는 먹거리가 넘쳐난다. 오히려 살이 찌는 것을 걱정하
고 있다. 자리를 마련하는 사람은 혹시 대접하는데 욕을 먹지 않
을까 걱정해서 푸짐하게 준비한다. 그러지 않아도 된다. 이제는

뮌헨 병원 회식 메뉴

샐러드 접시를 하나 놓고 대화가 주가 되는 모임이 많아졌으면 좋겠다.

점심은 중년 여성들 모임이 주를 이룬다. 중년 여성들에게 솔직한 심정을 물어보니 사실 점심을 간단하게 먹었으면 좋겠는데 관습적으로 그냥 무난한 식당을 정한다고 한다. 대개는 정식이다. 꼭 점심을 밥으로 먹어야 할까? 점심에 빵과 커피, 그리고 우아한 케이크로 점심 모임을 하면 어떨까?

◆ ◆ ◆

가끔 해 먹는 돌솥밥은 별미 중의 별미다

내가 건강한 음식 사진을 보여주면 대부분이 평생을 그렇게 집에서 먹을 수는 없다고 반응한다. 물론 나도 원칙이 그렇다는 것이지 가끔 시간이 나면 요리를 해 먹는다. 집밥은 건강하게 먹기가 목적이고 요리는 시간이 날 때 맛도 추구한다. 치즈도 만들고 두부도 만든다. 카레도 만들고 난도 직접 굽는다. 다양한 이탈리아 요리도 한다.

많이 해 먹는 것은 돌솥밥이다. 대개는 현미로 밥을 해 먹지만 조금 풍미 있는 밥맛을 원하면 돌솥밥을 한다. 현미로는 어렵고 백미로 한다. 특히 봄에 곤드레가 나오거나 가을에 가지나 무가 있을 때 돌솥밥을 하면 또 다른 별미다. 반찬 없이 간장만 있어도 한 끼가 해결된다. 누룽지로 만든 숭늉은 덤이다.

과거에 밥솥은 쇠로 만들었다. 용기가 다양하지 않아서 밥을 할 때 물의 양을 맞추고 불을 조절하기 어렵기 때문에 밥하기가 몹시 어렵다는 말을 많이 들었다. 그래서 아예 밥할 생각을 하지 못했다. 그런데 요즘은 열전달률은 느리고 열보존율은 높은 돌솥이 나오면서 밥하기가 쉬워졌다.

돌솥밥은 원리를 생각하며 시도했는데 하기가 쉬웠다. 쌀은 3~4시간 불린다. 마른 쌀보다 불린 쌀을 사용하면 쌀에 균질하게 열이 전달되어 맛있는 밥이 된다. 처음에는 강한 불로 10분 정도 물을 끓여 쌀을 익힌다. 그다음은 중불로 낮춘다. 솥 밖으로 거품이 나오면 위에서부터 밑바닥까지 솥에 있던 물이 마른

돌솥밥. 돌솥밥을 짓는 시간은 순전히 밥하기에 집중하는 명상의 시간이다.

다. 이때는 익은 쌀이 밥이 되면서 층 따라 다양하게 전분이 변해 맛도 층 따라 달라진다. 중불에 2~3분 둔 다음 가장 약한 불로 낮추고 기다린다.

밥할 때 중요한 불 조절은 15분 정도다. 약불을 유지하는 동안에는 자리를 떠도 된다. 이때는 솥 바닥에서 밥이 노릇하게 눋기 시작한다. 아주 약한 불을 가하면 밑바닥은 타지 않고 열기는 계속 위쪽으로 전달되면서 바닥에서부터 층 따라 각각 다른 눋기를 가진 밥이 된다. 층 따라 눋기가 다른 구수한 누룽지를 만드는 비결이다. 약불을 유지하는 시간에 따라 눋는 정도가 달라진다.

압력밥솥은 똑같은 압력으로 밥이 되니까 균일한 맛을 내지만 층층이 다른 맛을 내는 돌솥 누룽지는 또 다른 별미다. 비유하자면 사회에서도 균질한 사람들끼리 사는 것보다 다양한 사람들이 각자 다른 목소리를 내면서 조화를 이루는 것이 훨씬 살 만한 사회인 것과 같은 이치다. 경험적으로는 바닥에서 구워지는 층이 4~5개 층이면 가장 맛이 풍부한 누룽지가 되는 것 같다. 돌솥밥을 짓는 데 익숙해지자 이제는 느긋이 시간을 가지고 이번에는 몇 개 층을 이루는 누룽지를 만들겠다고 생각하고 불과 시간을 조절하는 재미를 느끼고 있다. 돌솥밥을 짓는 시간은 순전히 밥하기에 집중하는 명상의 시간이다.

나는 두부는 만들어 먹고 콩나물은 키워서 먹는다. 파는 것과 맛이 다른 것은 당연하다. 맛 때문이 아니라 무언가 느끼는 것이 있어서 시도해보라고 권유한다. 두부는 콩 단백질을 이용해서 소금의 간수 성분인 마그네슘으로 응고해서 만든다. 국산 콩을 2,000원어치 사서 6시간 불리고 믹서에 콩을 갈아서 단백질물을 내 끓인 후 간수를 넣어 완성한다. 전체 과정은 2시간 정도 걸린다. 그러면 큰 두부 한 모가 나온다. 여기서 의문이 든다. 재료가 2,000원이고 시간이 2시간 걸려서 한 모가 나온다. 파는 두부는 가격 차이가 크다. 5배 이상 차이가 난다. 가장 비싼 두부라도 내가 만든 두부를 생각하면 답이 안 나온다. 어떻게 만들어

두부와 콩나물은 직접 만들고 키워서 먹는다

야 시중의 두부가 나오는지 궁금하다.

콩나물은 빽빽하게 콩을 넣고 빛을 차단한 다음 수시로 물을 붓는다. 사실 이런 환경은 콩나물이 크기에는 아주 안 좋다. 물을 충분히 주지 않으면 잘 크지 않고 충분히 주면 적어도 30% 정도는 밀집된 환경 때문에 짓물러진다. 시중에서 파는 모습대로 굵고 깨끗한 콩나물이 되려면 정상적인 방법으로는 되지 않는다. 어떻게 해야 그렇게 싱싱하게 자랄까?

콩나물을 키워 보고 두부를 만들어 보면 가공 농산물이 어떻게 우리 손에 들어오는지 생각하게 된다. 결국 모든 것을 만들어 먹고 집에서 밥을 해 먹자고 느끼게 될 것이다. 몸은 피곤해도 재미있다.

인도 요리, 일본 요리, 낫도 파스타, 돈가스(왼쪽 위부터 시계 방향). 별식으로 요리를 만들 때는 건강과 맛을 모두 추구한다.

2

음식으로 건강한 몸을 만들자

◆ ◆ ◆

다이어트의 핵심은 지속하는 데 있다

다이어트 열풍이 대단하다. 비만은 21세기가 해결해야 할 가
장 큰 문제라고도 한다. 그런데 근본적인 의문이 든다. 어느 정도
가 적정한 체중인가? 언제 누가 정상 체중 수치를 만들었을까?

오랜 기간 인간은 배고팠다. 하루 세 끼 풍족하게 먹기 시작
한 것은 불과 70년이 안 된다. 제2차 세계대전이 끝나고 풍요롭
고 먹을 것이 많아지면서 비로소 살도 찌고 영양에 관해서 관심
을 가지기 시작했다. 시작은 생명보험 회사였다. 데이터를 모으
고 자료를 분석하는 것이 회사의 수익과 직결되기 때문이다. 데

이터 분석 방법에 따라 약간의 차이가 있으므로 일정한 수치를 말하는 것이 아니라 범위를 정한다.

예를 들면 71킬로그램이 아니라 70~72킬로그램 이런 식이다. 이 범위 안에서는 어떤 수치를 얘기해도 다 맞다. 발표한 이상적인 몸무게 수치는 사람들이 생각하는 것보다 낮은 남자 71킬로그램, 여자 57킬로그램이었다. 그리고 더 높은 체중은 병의 위험성이 높다고 보험금 액수를 올리고 체중을 줄이기 위해서 열량이 낮은 식품 보조제 등을 개발해서 시장에 내놓았다. 시장을 점거한 것이다. 정부와 영양학회도 덩달아 이 지침을 인용하면서 국민에게 홍보하기 시작했다.

적정한 체중을 나타내는 방법은 여러 가지가 있지만 믿을 만하고 가장 잘 알려진 것이 체질량지수BMI, Body Mass Index다. 체중을 키의 제곱으로 나눈 수치다. 1.8미터 키에 체중이 80킬로그램이면 $80/(1.8)^2$ = 24.7이다. 비만에 대한 기준은 나라마다 다르다. 동양인은 23~24.9는 과체중, 25~29.9는 비만, 30 이상은 고도비만으로 나누지만 미국은 30 이상을 비만으로 정하고 있다.

우리나라는 현재와 같은 기준으로 하면 비만에 속하는 사람들의 비율이 커지므로 27로 상향 조정하자는 이야기가 나오고 있다. 우리나라는 경제협력개발기구OECD 국가 중에서 단순한 몸무게 수치로 따지면 두 번째로 날씬한 나라다. 그런데 체질량지수 수치상으로 비만이 차지하는 비율은 성인 남자 48%, 여자 27.7%, 성인 전체로는 38.3%로 높다. 이런 수치가 사람들을 다이어트에 열중하도록 만들고 있다.

"날씬한데도 다이어트에 매달리는 한국"

외국에서 보도한 우리의 실정이다. 수십 년째 다이어트에 대한 열풍은 대단하다. 갈수록 심하다. 이제까지 나온 다이어트 방법만 해도 셀 수 없이 많다. 아마 다이어트에 관해서 많은 방법을 들었을 것이다. 이 방법들은 개별적인 면만 보면 맞는 방법이기도 하지만 전체적인 면으로 판단하면 완벽한 방법이 아니다. 그러니까 시간이 지나면 방법이 자꾸 바뀐다. 주장하는 사람에 따라 또 시대에 따라 많이 바뀌었다.

어떤 방법이든지 시작만 하면 효과는 있다. 다이어트를 시작하면 기록도 하고 각오도 하니까 열심히 노력한다. 그런데 다이어트의 성공은 어떤 특정한 방법이 아니라 시작한 방법을 지속해서 하느냐가 핵심인데 이걸 간과한다. 다시 강조하지만 어떤 방법으로든지 다이어트를 시작하면 된다. 그리고 요요 현상이 없도록 지속해서 시행하는 것이 중요하다.

◆ ◆ ◆

저탄고지는 체중 감량 효과는 있지만 건강을 해칠 수 있다

요사이는 저탄고지 식단이 인기다. 사람들의 심리를 파고든 방법이다. 자기가 먹고 싶은 고기를 마음껏 먹어도 좋다고 이야기하니까 얼마나 귀가 솔깃한가? 원리는 이렇다. 인체는 일차적인 에너지원으로서 탄수화물을 이용한다. 그런데 탄수화물의 60%를 뇌가 이용한다. 뇌가 인간에게 중요하기 때문에 탄수화물이 부족한 상황 등에 대비해서 인체는 2차, 3차로 예비 수단을 가지고 있다.

비만이 있는 사람은 당뇨에 쉽게 걸린다. 당뇨가 오래되면 살이 빠진다. 에너지원인 당을 이용하지 못하고 소변으로 배출하기 때문이다. 당뇨가 심한 환자는 갑자기 당이 떨어지면 뇌에서 당장 당을 사용해야 하므로 몸 어디에선가 당을 구하게 된다. 그 물질이 케톤이다. 사실은 지방인데 당과 비슷해서 응급 상황에서 케톤을 사용한다. 그런데 이것은 말 그대로 응급 상황이다. 케톤은 산성이므로 이 상태가 계속 유지되면 케톤산증이 나타나 우리 몸은 심각한 위험에 빠진다. 그래서 당뇨 환자는 만일에 대비해서 항상 사탕을 가지고 다닌다.

운동 관리사로 일하던 사람이 여기에 착안했다. 다이어트를

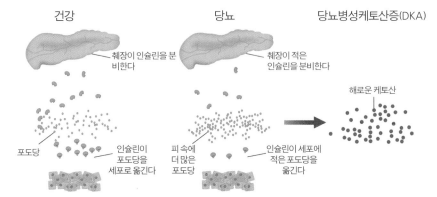

케토산증. 저탄고지는 체중을 단기간에 빼는 방법으로는 좋은 방법이다. 그런데 건강에는 문제를 일으킬 수가 있다. 계속 케톤 상태를 만들면 우리 몸은 산성화가 된다.

해본 사람은 복부와 내장 비만이 얼마나 빼기 힘든지를 안다. 그런데 탄수화물이 고갈되면 지방질인 케톤이 그대로 빠져나간다니 얼마나 쉽고 신기한 일인가! 그렇게 해서 저탄고지 다이어트 방법이 개발됐다. 탄수화물을 극단적으로 줄이고 부족한 열량을 지방으로 채우자는 논리에 귀가 솔깃하다. 체중을 단기간에 빼는 방법으로는 좋은 방법이다. 그런데 건강에는 문제를 일으킬 수가 있다. 계속 케톤 상태를 만들면 우리 몸은 산성화가 된다. 우리 몸이 장기적인 케톤 사용으로 산성화가 유지되면 몸의 균형이 깨지고 암을 비롯한 만성병을 유발한다는 증거가 많이 제시되고 있다.

의학에서 원인을 여러 가지로 이야기하는 것은 원인을 잘 모르겠다는 뜻이다. 차 사고가 나서 뼈가 부러졌다면 원인은 간단하다. 사고다. 그런데 암, 루푸스, 아토피, 류머티즘 같은 면역 질환은 원인이 많다. 그것은 정확한 원인을 잘 모르겠다는 것이다. 마찬가지로 피부가 찢어졌다면 치료는 간단하다. 봉합술을 하면 된다. 그런데 면역 질환은 치료가 복잡하다. 이런 약을 쓸 수도 있고 저런 약을 쓸 수도 있다. 딱히 한 가지 특효약이 없다. 그래서 난치병이라고 한다.

◆ ◆ ◆

건강 관점에서 다이어트를 생각해야 한다

다이어트에 많은 방법이 소개되고 있다. 그 말은 다이어트에 정확한 한 가지 방법은 없다는 이야기다. 건강을 해치지 않을 정도로 먹는 열량을 줄이거나 운동으로 소비하는 열량을 늘리면 살은 빠진다. 지극히 당연한 방법으로 꾸준히 실천하는 방법밖에 없다.

비만이 오히려 건강에 유리하다는 연구 결과도 나오고 있다. 1998년 이스라엘에서 1만 명을 상대로 추적 연구한 결과 비만이 있는 사람들의 사망률이 더 낮았다고 발표했다. 독일 뒤셀도

르프에서 8,000명의 노동자를 상대로 한 연구에서도 극도의 비만이 아니라 보통 비만이 있는 사람들의 사망률이 날씬한 사람들과 큰 차이가 없었다고 보고하고 있다.

물론 이런 연구들도 한쪽으로 치우친 연구일 수 있어서 비만이 건강에 좋다는 결론을 말하려는 것은 아니다. 병이 있는 극단의 비만이 아니라면 비만 자체만으로 건강을 판단하고 사망률이 높다고 결론을 내리는 것은 아니라는 데 많은 의사가 동의하고 있다. 다이어트의 최종 목적은 날씬한 몸이 아니라 건강한 몸이어야 한다. 비만이 있어도 건강한 사람이 있고 날씬해도 병이 생긴다. 나는 건강을 상하면서까지 저탄고지 식단을 하는 것에 동의할 수가 없다. 입맛을 돋우는 지방이 많은 음식을 먹으면서도 살을 뺀다는 것에 열광한다. 그런데 그럼 내가 가장 중요하게 생각하는 우리 몸속의 환경호르몬 배출은 어떻게 할 것인가?

◆ ◆ ◆

집밥만 먹어도 단백질은 부족하지 않다

채식하면서 가장 많이 받는 질문이 단백질 섭취는 어떻게 하느냐였다. 단백질에 대한 믿음은 대단하다. 안 먹으면 큰일 나는 줄 알고 보충제라도 챙겨 먹어야 하는 것으로 알고 있다. 단백질은 우리 몸을 움직이는 데 필요한 여러 가지 효소와 호르몬을 만드는 데 중요한 영양소다. 하지만 많은 양이 필요한 것은 아니다. 저장하는 영양분도 아니다.

하루에 단백질은 300~400그램 정도 생긴다. 생존에 중요한 영양소이므로 따로 외부에서 공급하지 않아도 우리 몸이 자체적으로 생산하거나 사용한 단백질을 재활용해서 대부분을 충당한다. 그리고 매일 외부에서 보충해야 할 단백질은 체중 1킬로그램당 0.8그램 정도다. 체중 70킬로그램인 사람이 하루 필요한 단백질은 56그램이다. 이 정도 양은 하루 밥을 현미와 다양한 음식을 먹는 것으로 충분하다. 군이 콩을 따로 먹지 않아도 된다. 그래서 사람이 채식으로 평생을 살아도 문제가 없다. 사실우리 인간이 마음 놓고 고기를 먹은 지는 100년도 되지 않았다. 선택된 사람만이 명절 때나 고기를 맛보았다. 따라서 단백질 섭취에 지나친 관심을 가지지 않아도 된다.

또 하나. 내가 채식 위주로 식사하면서 체중이 20킬로그램 정도 빠지자 주위에서 근육이 물러진다고 단백질을 보충하라고 권하는 사람들이 많았다. 우리 몸은 에너지를 가지고 있다가 먼저 탄수화물을 사용하고 그다음은 저장하고 있는 지방을 사용하고 가장 나중에 단백질을 사용한다. 살이 빠지면 단단한 지방이 물러지는 것이다. 사람이 입으로 영양분을 섭취하지 못하는 경우나 암 같은 소모성 질환이 생기면 살이 빠지고 그다음에 지방이 빠진다. 단백질이 빠지기 시작하면 악액질cachexia 상태가 되어 죽음이 다가왔다고 의료진은 판단하게 된다. 단백질은 생존에 중요하니까 부족하면 다른 영양소에서 채우고 마지막에 단백질이 소비된다.

다이어트를 이야기할 때 운동이 중요한지, 음식이 중요한지 항상 논쟁이 있다. 나는 운동도 중요하지만 음식이 우선이라고 주장해 왔다. 이것을 증명하기 위해서 운동은 안 하고 15년 전 건강한 채식을 시작하자 체중이 쭉쭉 빠졌다. 그리고 나서 운동을 시작했다. 운동을 시작하자 주위에서 특히 헬스장에서 단백질 보충제를 권유했다. 근육을 만드는 데는 단백질이 꼭 필요하다는 것이었다.

이것 또한 아니란 것을 몸소 증명하기 위해서 단백질 보충제 없이 하루 1시간씩 4년을 운동한 후 프로필 사진을 찍었다. 기대 이상으로 근육이 올라와 있었다. 다시 한번 기억해야 한다. 단백질을 먹어야 근육이 만들어진다거나 운동할 때 근육이 단단해진다는 것은 사실이 아니다. 운동을 해서 근육 사이에 염증을 만들어야 근육이 단련된다. 물론 단백질을 먹으면 근육이 약간은 더 생길 수 있겠지만 반드시 단백질을 먹어야 하는 것은 아니다.

단백질에 대한 환상을 깨자. 내가 몸으로 증명한 사실이다. 근육에 대한 또 다른 사실이 있다. 중년이 되면 하지 근육을 비롯한 큰 근육을 단련해 놓아야 에너지 소비가 많아져 당뇨병을 비롯한 생활습관병을 줄이고 낙상 등에 대비할 수 있다고 한다. 그러면서 근육을 단련하는 운동을 많이 강조한다. 맞는 말이다. 그런데 중년이 넘어서 근육을 단련하는 것은 거의 불가능하다. 그러므로 중년은 순간적인 힘을 발휘하는 근육량이 중요한 것이 아니라 몸의 밸런스가 중요하다.

현재 내 근육량은 몸무게의 60%다. 나이에 비해 엄청난 양이다. 그런데 15년 전부터 기록을 보니 그때나 지금이나 절대적인 양은 비슷하다. 인간의 근육량은 30대 중반에 정점을 이룬 후 서서히 줄어들다가 50대가 넘으면 급격하게 줄어든다. 나는 50대 초반에 급격하게 근육량이 줄어들 나이부터 하루 1시간, 1주일에 5일 운동을 해서 16년째 비슷한 수준을 유지하고 있다. 50대 이후에는 죽을 만큼 노력해야 본전을 유지할 수 있다는 말이다.

나처럼 시간을 내서 건강한 음식을 먹고 규칙적으로 운동을 할 수 있는 사람은 많지 않다고 생각한다. 그런데 큰 근육을 단련하기 위해서 노년에는 운동을 해야 한다고? 어림없는 일이다.

노년에 중요한 것은 그런 큰 근육이 아니다. 쉽게 넘어지지 않게 균형을 유지하는 작은 근육을 살리는 필라테스, 요가, 태극권 같은 운동이 오히려 도움이 된다.

에필로그

어떤 일이 있어도 식생활 습관을 포기하지 말자

원고를 출판사에 넘긴 후 전립선암 판정을 받았습니다. 당혹 스러웠습니다. 평생 아파본 적이 없었고, 15년 전부터 건강한 음 식을 먹기 시작했고, 체중을 20킬로그램 줄였고, 모든 피검사가 완벽했고, 매일 헬스장에서 1시간 운동으로 몸을 단련했습니다. 건강한 음식에 관한 책도 내고 왕성하게 강연도 하고 있었습니 다. 2년 전부터는 사람들을 모아서 직접 요리 실습도 하고 있었 습니다.

몇 년 전부터 주위 친구들이 한 명씩 병에 걸렸다는 얘기가 들 리기 시작했습니다. 가장 많은 병이 전립선암이었습니다. 서양 에서는 남자들에게 압도적인 암 1위이고 우리나라는 발생율이 적지만 최근 급격히 증가하는 암이라고 했습니다. 그러면서 우 리 나이는 전립선암 검사를 해야 한다고 했습니다. 다른 암과 달 리 전립선암은 유일하게 간단한 피 검사만으로 진단할 수 있습니다. 그런데 나는 다른 검사는 매년 하고 있었지만 그런 이야기를 듣고도 전립선에 대한 검사를 하지 않았습니다. 전립선암은 담배를 피우고 육식 위주의 식사를 하고 살이 찐 60대 이상 남성에게 많이 생깁니다. 저에게 해당되는 것은 하나도 없었습니다. 그래서 전립선암은 전혀 생각하지도 않았습니다.

그런데 작년 말 우연히, 왜 그런 생각이 났는지 모르지만, 진짜 우연히 다른 피 검사를 하면서 전립선암 항원 검사를 했습니다. 다음 날 병원에서 연락이 왔습니다. 전립선암일 가능성이 50%인데 정밀 검사를 했으면 좋겠다는 권고였습니다. 그 이후 검사에서 전립선암이 진단됐고 수술까지 일사천리로 진행됐습니다. 다행히 다른 곳에 전이는 없었고 현재 회복 중입니다.

전립선암은 다른 암에 비해 위험하지 않지만 그래도 암은 암입니다. 어떤 암이든 돌발성이 있으므로 앞으로의 경과는 아무도 모릅니다. 그런데 불안한 느낌이 들기보다 황당했습니다. 내가 왜? 이것을 어떻게 해석해야 할까? 다른 사람들에게는 무엇이라고 설명해야 하나?

혼란스러운 중에 한 소식을 들었습니다. 완벽한 생활습관을 가진 특히 운동으로 체격이 다져진 동료가 똑같이 전립선암에 걸렸다는 소식이었습니다. 지역사회에서 음식과 운동으로 가장 모범적이라고 알려진 두 명이 암에 걸린 것입니다. 동료도 역시 황당하다고 했습니다.

나는 당장 원고를 넘긴 책을 내야 하는지 고민이 됐습니다. 앞으로 강의나 요리 실습을 어떻게 해야 할지 의문스러웠습니다. 나의 암 진단 소식을 들은 어떤 동료 의사는 농담을 건넸습니다. 인생 그리 힘들게 살 필요 있느냐, 자기처럼 폭탄주도 즐기고 먹고 싶은 것 먹고 편하게 사는 것이 최고라고 했습니다. 할 말이 없었습니다.

나는 두 달간 쉬면서 이제까지의 절제된 생활을 포기했습니다. 고기도 먹고, 케이크도 즐기고, 인스턴트 간식도 자주 먹었습니다. 맛있었습니다. 과거 기억이 살아나면서 이런 음식을 먹는 횟수가 자꾸 늘어났습니다. 수술 후 몸을 회복하기 위해서라는 핑계를 댔지만 한번 무너지니까 순식간이었습니다. 몸은 금방 4킬로그램이 불었습니다.

시간이 지나자 생각도 차츰 정리가 됐습니다. 내가 착각하고 있었습니다. 남은 몰라도 나는 병에 안 걸린다는 생각을 하고 있었습니다. 건강한 생활습관을 가지고 있으니까 그렇다고 생각했습니다. 병이 생기는 많은 원인 중에 가장 큰 원인인 나이를 망각했습니다. 생로병사는 인간의 숙명인데 이것을 착각했습니다. 나도 언젠가 죽을 수 있다는 것을 전혀 생각하지 않았던 것입니다. 인간은 병들고 죽는다는 당연한 사실을 망각하고 있었습니다.

나이가 들면 사람은 누구나 병에 걸린다는 사실을 그리고 언젠가는 죽는다는 사실을 깨닫고 나니까 생각이 정리되기 시작했습니다. 내가 아무리 건강한 생활 습관을 가졌더라도 확률적인 문제일 뿐 누구에게나 병은 생깁니다. 그러니까 재발을 막기 위해서도 전립선암에 좋은 식생활 습관을 포기하면 안 되는 일이었습니다. 채식 위주의 식생활 습관을 가지고 정상적인 체중을 유지하는 것이 중요했습니다. 그리고 잠시 멈췄던 운동도 지속적으로 하는 것이 맞는 일이었습니다.

이제까지 너무나 자신만만하게 건강을 지키기 위해서 나의 습관을 배우라고 이야기했습니다. 이제는 인간으로서 한계를 이야기하고 좋은 습관에 대해서 보다 완곡하게 이야기해야겠다는 생각이 들었습니다. 그리고 다시 옛날 습관으로 돌아왔습니다. 채식 위주의 식생활, 통곡물 위주의 주식, 주기적인 운동. 여기에 덧붙여 무엇보다 정기적인 건강검진 또한 잊어서는 안 됩니다.

우리가 포기해서는 안 되는 건강한 집밥에 관한 책을 내기로 결정한 이유입니다.

우리 집밥해 먹지 않을래요?

나는 왜 집밥하는 의사가 됐는가

초판 1쇄 인쇄 2024년 7월 8일
초판 1쇄 발행 2024년 7월 15일

지은이 임재양
펴낸이 안현주

기획 류재운 **편집** 안선영 김재열 **브랜드마케팅** 이승민 **영업** 안현영
디자인 표지 정태성 본문 장덕종

펴낸 곳 클라우드나인 **출판등록** 2013년 12월 12일(제2013-101호)
주소 우) 03993 서울시 마포구 월드컵북로 4길 82(동교동) 신흥빌딩 3층
전화 02-332-8939 **팩스** 02-6008-8938
이메일 c9book@naver.com

값 19,000원
ISBN 979-11-92966-84-7 03590